亜希のことば

私を笑顔にしてくれるヒト・コト・モノ

亜希

はじめに

大きなことを言いたいわけではなく、偉そうに考えを述べたいわけでもない。ただ日々過ごす生活の中で、子どもたちや身近な人たちへ伝えたいと思い発してきたことば。それらが、インスタグラムや、ブログのコメントを通して、たくさんの人の心に届いていたと知り、とても驚きました。

そしてそこには、いつしかことばを必要とする人たちが集まり、輪ができました。会って話をしているわけではないので、顔は見えないけれど、そこには確実に温度がありました。

外見を評価されがちな職業の中で、「可愛い」や「おしゃれですね」などのくすぐったいことばよりも、中から発信するものにたくさんのコメントをいただけたことは、私にとって、何よりも嬉しかったのです。

この本のお話をいただいたのは、1年ちょっと前の残暑厳しい頃。内容を話し合う中で、今の私が伝えたいことを考えました。

今まで、どれだけの心あることばに励まされ、勇気をもらい、また明日頑張ろうという気力をもらったんだろう……。年齢を重ねれば重ねるほど、ことばを慎重に選び、丁寧に相手に伝えたいと思います。ことばの深さ。ことばの重み。ことばのチカラ。ことばって人を動かす魔法なのかもしれない。そんな思いを、この本にギュッと詰め込みました。

笑えない日だってたくさんある。泣きたい日なんて数えきれない。けれどことばに救われることはある。

【亜希のことば】1人でも多くの方にご一読いただけたら幸いです。

２０１８年10月　亜希

もくじ

1

子育てのはなし

ほどほどに自分に喝を入れ、ほどほどに手を抜く！
そしてここぞという時、1000%でやればいい。

2

台所のはなし

私、パリより築地が似合う女です。

3

ファッションのはなし

私が背中を押してほしい時、服が勇気と力をくれる。

4

体と心のはなし

40代からは、貯金よりも貯筋!

5

私の幸福論

完璧じゃない自分を受け入れて、ゆっくりゆっくり行こうよ。

1

子育てのはなし

ほどほどに自分に喝を入れ、
ほどほどに手を抜く！
そして、ここぞという時
１０００％でやればいい。

我が家の毎朝の「おはよう」は、採点つき。

朝の過ごし方次第で、1日が変わると思っています。だからこそ、起きて最初の一言である「おはよう」は、私にとって最も大事なことばのひとつです。

幼稚園の頃、子どもたちが「おはよう」と言うたびに「惜しい！　今のは80点かな〜！」なんて言っていました。そうしたら、毎朝100点を取るために、前日の夜から「おはよう」の言い方を考えたり、踊りながら出てきたり、ギャグにしたりと、本当に愛らしくて。それを見たさにあえて満点を出さなかったりしていました。小学3〜4年生くらいまでだったかな。

そんな子どもたちも、今ではすっかり大きくなり、「おはよう」にこだわる私に対してかなり面倒臭そう。不機嫌そうに起きてきて「モニョモニョ……」と何を言っているかわからない時も多く、長男に関してはほぼマイナス点の毎日です。それでもなお、いろんな手を使って「おはよう」を強要しています(笑)。

男の子なんて、身支度もないし、食べるのも早い。でも眠たそうにノロノロとしていると、つい「早くしなさい！」などと文句を言ってしまいがち。

朝はみんな忙しいから、機嫌悪く怒ってしまって、送り出した後に自己嫌悪に陥った、という話もよく聞きます。でもそれだと自分の1日ももったいなくなってしまう気がするんです。

暗い気持ちでスタートする朝よりも、明るい気持ちでスタートしたほうがやっぱり気持ちがいい。一緒に住めるのもきっとあと数年。子どものテンションを上げることも、親がやってあげられることのひとつだと信じて、これからも元気な「おはよう」で1日を一緒に始めたい。

叱る時には、1回心で泣いている。

幼少期の男児2人はとにかくやんちゃ。事あるごとに叱っていました。そして、叱れば当然泣く。子どもは涙で感情を放出できるけど、ちょっと待って！　泣きたいのはこっちだよ！　と、毎回心の中で泣いていました。

小さい頃は、リビングで膝と膝を突き合わせ、目を見て話をするスタイル。どちらかというと頭ごなしに言い聞かせる、という感じでした。向き合うことが好きなので、叱ることも結構好き。それが今ではその機会がめっきり減り、残念なくらい（笑）。

でもやる気が見えなかったり、言い訳したり、逃げているな、と感じた時は、チャ

ンス！　ここぞとばかりに話し合いの時間を設けます。

この間も、次男と1時間近く話をしました。もう語り合うことができる年齢なので、叱るというよりは、むしろ子どもの思いを吐き出させる時間。場所もリビングから車の中へと変わりました。不思議なことに一定の距離感がある車だと、なんとなくお互いに素直になれる気がするんです。きっと目を見てだと話しづらい、という年齢になってきたんですね。子どもの成長とともに、親の叱り方も、場所も、バージョンアップが必要なのかも。

子どもたちが卒園記念に作ったペンケース。その後私がジュエリーケースとして大切に使っています。

85点って、１００点じゃない？

もしかすると私は、85点どころか、50点くらいでも１００点だと思っているかもしれません（笑）。

勉強にしても何か他の課題でも、いい結果が出なかったり、なかなか思い通りにいかなかったとしても、自分が胸を張って頑張った！　と言えるのであればいい。ポジティブに捉えて１００点満点だと受け止めています。

できる限り褒めるチャンスは作りたいので、そこは盛ってしまっていいと思っています。盛りすぎには注意ですけど（笑）。

頑張りをけなさないってすごく大切だと思うんです。親が全面的に味方で、すべてを受け止めているということを、これでもかっていうくらいに子どもたちには伝えたい。それには、ポジティブすぎるくらいでいいと思う。

ただし、スポーツだけは別。とくに打ち込んでいるスポーツに関しては、「100点以上超えていけーー！」って常に思っています。

アスリートだった元夫は常々「1位以外は全部同じ」と言っていました。まったく体育会系には育っていない私は、最初すごく驚きましたが、勝負の世界で本気でやっていくには、それくらいの強い気持ちでいないといけないんだと教えられました。1位をとる喜びを体感することで、さらに上をまた目指すことができるのだと。

とはいえ、何でも1位をとりなさい！　なんてまったく思ってはいません。どれかひとつ、本気で打ちこめる何かを見つけた時には、自分に厳しく、プライドを持って、1位を目指して満点超えて頑張ってほしい。

それ以外は85点でも、いや50点でも100点！

不揃いでもいい。み〜んな違ってよし！

目玉焼き、パンケーキ、玉子焼き、おむすび……。家で作る料理は、形が不揃い。毎日のように作っていても、その日によって形が違うもの。でも、機械で作られた完璧に同じ形のものより、不揃いな子たちのほうが愛らしく感じます。お家ならではの少しいびつな形やお店とは違う味こそがいい。不格好だったりデコボコだったり……そこに愛嬌を感じるんです。

みんな同じじゃなくていい。そう感じた時にふと、これって子育てに似ているな！と思えてきました。子育てにも正解はないし、それぞれの家庭で違って当たり前。完

璧なものと比べてしまえば、見た目も中身も劣って感じるかもしれないけど、完璧じゃないからこそ飽きがこない……。それってとても大事な気がします（何でもかんでも人生に結びつけて考えてしまうのは、むしろ病気かも？　名付けて「人生結びつけ病」）。

噛めば噛むほど味が出る。知れば知るほど愛おしい。人はみんな個性があって、いいところも悪いところもたくさんある。

みんな同じじゃなくていい。不揃いでいい。人それぞれ、み〜んな違ってよし！

うちで焼くパンケーキは形が微妙だけれど、少し焦げたり不揃いなくらいが好き。不格好の愛らしさ。

気づいたら
増えていた10本の腕。

私自身も両親が離婚しているのでわかるのですが、子どもにとって親の離婚とは、たとえば両腕あったものが、片腕になる感覚に近いと思うんです。でも私の場合は、母がとにかく明るかったので、その寂しさを感じずに育つことができました。

だからこそ、私も子どもたちにそう感じさせたくない、私1人で両腕にならなきゃ、頑張らなきゃ、と思っていたんです。

でも、ある日気づきました。なくなったと思っていた片方の腕が、感覚としては10本くらいに増えていたんです！　友人や周りにいる人たちが、いつの間にか親身になって、代わりの腕になってくれていました。その腕は私のためというよりも、子どもたちに対しての温かい手でした。

私にはもう両親がいないし、親戚も近くにはいないので、誰かに甘える、という選択肢がなかったように思います。けれど、親や家族じゃない人に頼ってもいいんだということを、みんなが教えてくれました。たくさんの人を巻き込んで子育てしてもいいんだと。

親以外の大人とかかわり、時に怒られ、時に褒められ……。親と子だけで向き合っているところに、新しい風が吹き込まれたように思います。血のつながりだけではない「家族」というものがあるんだ、ということに気づきました。

もちろん頼りっぱなしではありません。持ちつ持たれつ、私が誰かの片腕になる時も。この信頼関係を周りと重ねていくことが、究極の子育てのように思います。

子どもたちはまだその存在に気づいていないかもしれない。でもいつか感謝すると思う。ニョキニョキと生えてきた10本の腕。しっかり大切にしなきゃ。

物欲よりも、ことば欲。

49歳の誕生日を迎える時、息子2人に言いました。「物は要らない。ただことばが欲しい。LINEでいいよ。ただし10行以上！」と。

当日、次男はせっせと行数を数えながら時間をかけてメッセージを考えていて、その光景は忘れられません。その姿がもはやプレゼント。もちろん送ってくれた内容も100点満点！ 宿題しなくても、朝起きなくても、生意気言っても全然いいよ！と、中学生の男児にはウザいくらいのハグ(笑)。

一方の長男、考えている様子も送ってくる気配も一切なし。「24時間受け付け中」

とダメ押しするも、心のどこかで年齢的にもうないかな、と思っていました。ところが予想外の展開が。大きなお皿と「撮影で使ってよ」のメッセージ！

私の好きなものをわかる男になってきたな（笑）というのと、私の仕事もしっかり理解して応援してくれてるんだな、と、それはもう嬉しくて！

10行以上ではなかったけれど、ことば欲が満たされた胸いっぱいの誕生日になりました。

そして、この大きなお皿にまた、たくさん美味しいものを作ろう！　と心に誓ったのです。

今はもうないけれど、子どもたちが小さな頃は、よく手紙を交換していました。

自分の中の勘や嗅覚で勝負。

私が出産した頃は、ここまでインターネットが普及していなかったので、おっぱいをあげながらスマホで情報収集……などということはできませんでした。そのせいもあるかもしれませんが、出産後、活字を読むことは億劫だったし、育児本も見ずにすべて自己流。もちろん、事前に知っておくと便利なことはいっぱいあると思います。でもたいていのことは大丈夫、と、野生の勘を信じて子育てしていました。

長男の時は、オムツを替えるタイミングがいまいちわからず、まだ平気かな〜なんて呑気にしていたので、オムツはいつもタッポタポ（笑）。むしろ取り替えると泣くので、マニュアルじゃないんだなと、そこからヒントを得た気もします。ありがたいことに、元気に育ってくれたから、笑って言えるのかもしれませんが。

人はみんな同じ人間ではないし、同じ条件ではない。体重も顔も性格も千差万別。それなのに、溢れている情報の中に答えを探すこと自体、そもそも難しいのかもしれません。この子はそうでも、うちの子は違うかもしれないよね、という角度で物事を見ることができる自分でいたいし、親だからこその勘や嗅覚のようなものを大事にしたい。今でもたびたび、子どもたちの意外な表情や出来事に驚くことがあります。そのたびに、我が子のことを全部わかっていると思ったら大間違いだ……と、あらためて気づかされるのです。

まだまだ未熟な人間なのに、親になると急に、子どものことで決断を迫られるタイミングがこれでもかと訪れます。手は離しても目は離すな、という言葉の通り、子どもたちが壁にぶつかりながら成長していく中、どんと構えながら見守り続けられる親でいたいと思います。情報をたやすく手に入れることができる時代だからこそ、流されずに自分の目を信じたい。

子どもに、人として尊敬される親でありたい。

私自身は自分の母のことを「お母さん」としか見ていませんでした。母子家庭だったので、母はもちろん働きに出てはいましたが、実際にその姿を見ることはなかったので、家にいる母がすべてだったんだと思います。

それに対して今の私の仕事は、息子たちに形として見せることができる。それは、子どもにとって特別なことかもしれません。

その代わり、外からの評価も目にしやすい環境でもある。だからこそ、母はこう生きてきた、と胸を張って言えるような残し方をしなければいけないと、さらに気合い

が入るのです。

とはいえ、まだまだ何もできていないのも事実。子育てを取っ払った時、残った私はとても薄っぺらいような気がしています。

子どもたちが成長した今、もうごまかしはききません。少しずつ自分の時間が増えてきた日々の中、もっともっと〝私自身〟を見つけていきたいと思っています。

そして「お母さん」としてだけでなく「人として」かっこいい姿を見せていきたい。それは、自分にしか見せることのできない背中だから。

ベストマザー賞をいただいたことは、私の中でとても誇らしい思い出。これからはベストパーソン賞を目指して……。

今見たいのは、もっと多くの子どもたちの笑顔。

こんなふうに子育てについて話している私ですが、昔から子ども好きだったわけではないんです。騒がしい子がいると「うるさいな」と思ってしまったり。今思い返すと、まぁまぁ嫌な女です(笑)。

若い頃、仲のいい友人がいち早く結婚し、子どもを産み、その姿を目の当たりにしていました。ランチをするのもままならず、大事な話をしていても子どもの動きで遮断され、その時期は親友との関係が以前とはすっかり変わってしまった気がして、「子どもがいなかったらもっと楽しかっただろうな……」なんてひどいことを思っていたくらいです。結婚自体は羨ましくて、いつか自分も……と感じていましたが、子育てに関しては正直「地獄だな……」くらいにしか思えませんでした。先に出産した友人に会って、その生活に憧れ、1人を寂しく感じる人もいるかもしれませんが、私は真逆。自由に時間を使えることに満足していました。

子ども好きだったとはけっして言えない。そんな私が、男の子2人の子育てをするうちに、今は、明るく未来ある子どもという存在が愛おしくて仕方なくなりました。でも現状は、悩みや問題を抱えている子どもたちもたくさんいる。その中で、何か自分ができることはないかと探っています。

たとえば「食」の分野で考えた時、昔は会員制のこだわりのある少人数向けのお店をできたらいいな、なんて思っていました。でも今は「子ども食堂」や「塾弁当」など、子どもと接する環境で活かしていけたら、などと思案しています。

とはいえ、多くの子どもたちを笑顔にするにはまず自分の基盤をきっちり固めてから。その思いがさらに私に力を与え、強くしてくれています。

息子の背中に教えられたこと。

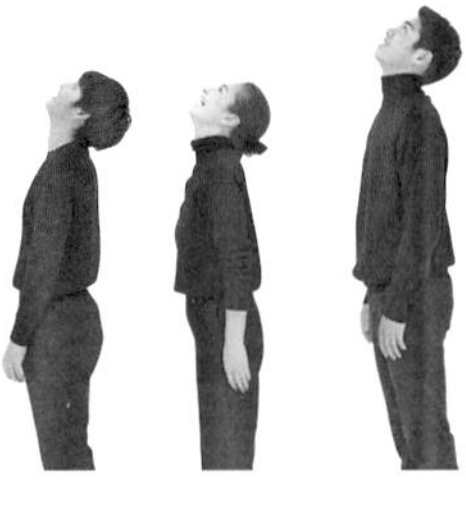

2年前の2月上旬、まだまだ寒さが厳しかった日の朝、長男は何事もなかったかのように、駅に向かって歩き出しました。元夫の事件後初登校のその日……。私はいつも通り学校へ行く彼の背中を見送りました。

実際にはどういう思いでいたのか、言葉を交わしたわけではないけれど、当たり前の日常を送る彼の姿に、一瞬、時が止まったような気さえしました。周りの景色は消え、彼の後ろ姿だけがはっきりと目に焼き付いています。

親の背中を見て子は育つ、とはよく聞きますが、子どもの背中にこんなにも教わることがあるなんて。13歳はまだまだ子どもだと思っていたけれど、年齢は関係ない。一度も振り返らずにまっすぐ進んでいく彼の姿にすべての答えがありました。その瞬間、私の大切なものがより明確になり、すべてを背負っていく覚悟ができました。

周りのサポートもあり、兄弟揃って無欠席。なんと逞しい男たち！　大きくなったのは体だけじゃなかった（笑）。

そんな彼らを見ていて、私が言えることはただひとつ。

「任せとけ！」

2

台所のはなし

私、パリより築地が似合う女です。

クロワッサンよりおにぎり。ピクルスよりたくあん。

昔から、家の中に漂う香りなら、素敵なアロマよりも、だしの香りや干し椎茸をもどす匂いのほうが好き。クロワッサンよりおにぎり、生ハムよりさつま揚げ、ピクルスよりたくあん、クリスマスよりお正月！（笑） 要するに完全に「和」の私。ミートボールを作ろうとしても、出来上がるのは肉団子。どう頑張っても和。

でも、もう開き直りました。それが私の味。私が作る料理の個性。愛情だけは、これでもかというくらいにたっぷり入っているので、洋風のおしゃれ料理は諦めていただこうかと……。

お好みおにぎり

大きくて色々な具材が詰め込まれている、私の母のおにぎり。たまに作りたくなります。

材料（3個分）

ご飯 … 1合分
好みの具（かつお節としょうゆを混ぜたおかか、昆布の佃煮、じゃこ、たらこなど）… 適量
のり … 3枚

作り方

1 ご飯の1/3をラップにのせて、真ん中に好きな具を3種類くらいのせる。
2 具を包みこむように握る。あと2つも同様に握る。
3 2にのりを巻く。

本日も我が家の食卓は、安定の茶色です。

あれ？　ここは合宿所の食堂なのかな？　と思う瞬間が多々ある我が家の食卓。食べ盛りの男児は、お腹に溜まって、食べ応えがあるものを好むので、おしゃれなご飯はもはや「おやつ」。茶色いガッツリ飯が並ぶのです。

彩りも加えたいな、とは思いますが、プチトマトは可愛く感じられて我が家の食卓には似合わない。最近はブロッコリーさえも、あのフワフワとした感じが可愛らしく思えてしまって……。思えば母のご飯は私より茶色かった(笑)。

いつの時代もまちがいない。だから我が家は今日も安定の茶色飯です。

すきやきうどん丼

残ってしまったすきやきにうどんを足して、丼にのせたら完成。W炭水化物丼!(笑)

材料(2人分)

すきやきの残り
…適量
ゆでうどん…1袋
ご飯…お茶碗2杯分
青ねぎ…1本

作り方

1 すきやきの鍋の残りを小鍋で煮立て、ゆでうどんを入れよく味をからめる。
2 お茶碗にご飯を盛り、**1**をのせ、好みで残った**1**の汁をかける。
3 小口切りにした青ねぎをのせる。

思いを層にする、お家で作る玉子焼き。

溶いた卵を薄くひいては、くるくる折りたたむ……。同じ動作を繰り返しながら層にしていく玉子焼き。その動作に集中すると、無になりませんか？　そうっと丁寧にひっくり返しながら、層を重ねていく、そこには思いがある。スクランブルエッグとも目玉焼きとも違い、特別な存在である気がします。

その家ごとに味付けが微妙に違うのも、玉子焼き。ちなみに我が家は、あまり甘くないだし巻き玉子。玉子焼きって、自分のお母さんの味を思い出す料理の第1位なのではないかな。

玉子焼き

白だしで作るだし巻き玉子。これが子どもたちにとって、〝母の味〟となるのでしょう。

材料（作りやすい分量）

卵 … 3個
白だし
　… 小さじ1と1/2
砂糖 … 小さじ1
ごま油 … 適量

作り方

1 ボウルに卵を割り、卵白をきるようにして割りほぐし、白だし、砂糖を加えて混ぜ合わせる。
2 卵焼き器にごま油を薄く熱し、1の1/3量を流し入れ、全体に広げ火が通ったら、向こう側から手前に三つ折りにして巻く。
3 巻いた卵を向こう側にし、1の残りの半分を流し入れ、玉子焼きの下にもいきわたらせる。火が通ったら2と同様に手前に巻きながら焼く。これをもう一度繰り返す。必要なら、ごま油をその都度薄くひく。
4 冷めたら適当な大きさに切る。

冷蔵庫の中が豊かだと、心も豊か。

下駄箱やクローゼットがぐちゃぐちゃでも構わないけれど、冷蔵庫だけはきちんと整理しないと気がすまない。食材が美しく並んだ冷蔵庫を眺めると、喜びを感じます。時間に余裕がある日に、まとめて下ごしらえをしてタッパーに保存。洗剤、ガソリン、シャンプーなんかは少なくても気にならないのに、冷蔵庫がスカスカになってくると、気持ちが焦ってくるんです。

冷凍庫の中には、豚肉、えび、牡蠣……フライにしたい食材に衣までつけて、あとは「揚げるだけ」の状態にして作り置き。これがびっしり詰まっている状態を眺めるのが、なんとも幸せなんです(笑)。

フライの作り置きには、付箋で名札を。以前、この名札がふわっと飛んで氷の中に入り、子どもの部活中に飲み物内の氷の中から出てきたこともありました（笑）。

お弁当作りは毎朝のストレッチ。

起きた瞬間、窓を全開にしながら、まず行く場所はキッチン。私の朝はお弁当作りからスタートします。ストレッチのような感覚に近いのかもしれません。

よく「毎朝なんでそんなに頑張ってお弁当を作れるの？」と聞かれます。でも、それってランニングを日課にしている人に「毎朝なんでそんなに走れるの？」と聞くのと同じことなんです。私にとっては日々のルーティーンに他ならず、手を抜いたら自分が気持ち悪いのです。

「子どものためにすごいね」とも言われますが、それもちょっと違う。なぜならお弁当作りは半分自己満足だから(笑)。

お弁当を完璧に作れた日は、だいたいいい1日になります。気分もすっきり、そのあとの仕事もうまくいく。逆に、変に手を抜いてしまったり、忙しい中で焦って作ってしまった時は、その後もダラダラと時間が過ぎたり、やりたいことができなかったり。お弁当をきちんとしっかり作ることは、その後の自分にとっての験担ぎのようなもの。片付けまで綺麗にこなせた日なんて絶好調!

私の場合は「お弁当作り」ですが、1日のエンジンをかけられる方法は人によって様々。掃除をする人もいれば、洗濯物をきっちり片付ける人、植物にお水をあげたり、犬の散歩をする人もいるかもしれません。私は全然できないけど(笑)。

もしスーパーウーマンだったら、ランニングして、お弁当作って、掃除して、フルメイクして、出勤! とできるかもしれないけど、そんなことは無理。何かひとつ、自分の中で「ヨシ! 今日もいい日になるぞ!」と思えるルーティーンがあると気持ち良く1日を始められる気がしています。

食べ盛りの男児2人のお弁当の見た目は基本、地味。彩りよくきれいにおしゃれに仕上げるお弁当、というより、ボリューム勝負!

とくに、今年の4月から硬式野球を始めた次男。軟式と硬式の違いといえばボールの硬さくらいかと思っていましたが、いやいやかなり小学生の時とは違って、本気モード……。一番びっくりしたのはお弁当のサイズ(笑)。週末に必要になったのは、2リットルのタッパー弁当! 通称〝野球弁当〟です。

本人自体は食も太く、また食べるの? が私の口癖だったのですが、野球中のお弁当に関してはなかなか箸が進まないらしい。でも、食べるのも仕事! 俗にいう飯トレです。いかに無理なく量を食べられるかのトレーニング弁当を毎週試行錯誤。最近ではスプーンで一気に食べられるものがいい、とリクエストがあり、豪快に3合近いご飯で作る、どんぶりか炒飯に行き着いたんです(笑)。

暑い夏を乗り越え、また少し大きく逞しくなりました。食べることは生きること。このすべてを体現し、成長していく……。その姿はあまりに眩しくて羨ましくも感じます。

野球弁当

次男の野球の練習に持たせるお弁当は、ガッとかき込めてすぐエネルギーになる炒飯。どーんと3合分。

材料（1人分）

ご飯 … 3合分
豚ばら肉 … 200g
干しえび … 適量
卵 … 2個
青梗菜 … 1株
ごま油 … 適量

A | しらす、ごま、高菜 … 各適量
ほぐした梅干し … 1個分

B | 塩、こしょう、鶏がら粉末、バター、しょうゆ … 各適量

きゅうり … 1本

作り方

1 豚ばら肉を細かく切り、干しえびとともに、ごま油を熱したフライパンで、カリカリになるまで炒め、しょうゆ大さじ1（分量外）で味付けして取り出しておく（常備しておくと便利）。
2 フライパンにごま油を熱し、卵を強火で炒めて取り出す。
3 フライパンにさらにごま油を熱し、細めのざく切りにした青梗菜を炒め、火が通ったらAを入れて炒める。ご飯を入れて1を戻す。Bの調味料を回しかけて炒める。
4 最後に卵を戻してからめる。
5 タッパーに詰めて、ピーラーで皮をむき1㎝幅くらいに切ったきゅうりを添える。

アントニオえのき弁当

えのきとイノキって似てません？
だから命名された験担ぎのお弁当。

材料（2人分）

牛切り落とし肉 … 120g
えのき … 大1パック
ごま油 … 適量
塩、こしょう … 各適量
焼肉のたれ
… 大さじ2〜3
ご飯 … 適量

作り方

1 牛肉とえのきの炒め物（アントニオえのき）を作る。えのきは石づきを取り、食べやすい大きさにほぐす。
2 牛肉は塩、こしょうで下味をつける。
3 フライパンにごま油を熱し、牛肉を炒め、色が変わったらえのきを加えてしんなりするまで炒める。
4 3に焼肉のたれをからめる。
5 お弁当箱にご飯を詰め、4ともやしのナムル（＊参照）をのせる。

＊もやしのナムル

材料（作りやすい量）

もやし … 1パック
塩、ごま油 … 各適量

作り方

1 鍋でもやしをさっとゆで、よく水けをきる。
2 ボウルで1と塩、ごま油を和える。

たこの唐揚げ弁当

前日のたこが余った時に作るメニュー。
残り物には福がある!!

材料（2人分）

ゆでだこ（足）
… 2本（200g）
めんつゆ … 大さじ1
酒 … 大さじ1/2
片栗粉 … 適量
揚げ油（ごま油）
… 適量
ご飯 … 適量

作り方

1 たこの唐揚げを作る。たこは食べやすい大きさのぶつ切りにする。
2 ボウルにめんつゆと酒を合わせ、1のたこを加えて下味をつけ、10〜15分ほどおく。
3 2のたこの水けを軽くきり、片栗粉をまぶしたら、180度の油で揚げる。揚がったらしっかり油をきる。
4 お弁当箱にご飯を詰め、3と焼き鮭、ブロッコリー塩ゆで、まいたけソテー、牛肉と玉ねぎ炒め（＊参照）、などを詰める。

＊牛肉と玉ねぎ炒め

材料（2人分）

牛切り落とし肉 … 160g
玉ねぎ … 1/2個（100g）
塩、こしょう … 各適量
焼肉のたれ
… 大さじ2〜3
ごま油 … 適量

作り方

1 牛肉に塩、こしょうをふり、下味をつける。玉ねぎはくし形切りにする。
2 フライパンにごま油を熱し、牛肉を炒め、色が変わったら玉ねぎを加えてしんなりするまで中火で炒める。
3 2に焼肉のたれを加えて、照りがでるまで炒め合わせる。

焼きとり弁当

別の名を、プロテイン弁当。
またの名を、筋肉マン弁当！

材料（爪楊枝10本分）

鶏もも肉 … 大1/2枚
塩、こしょう … 各適量
ゆずこしょう … 適量
ごま油 … 適量
ご飯 … 適量

作り方

1 焼きとりを作る。鶏もも肉は2㎝角に切り、20切れにする。
2 半量（10切れ）に塩、こしょうをし、残りの半量（10切れ）にはゆずこしょうをまぶす。
3 爪楊枝に2切れずつ刺し、塩、こしょうのものと、ゆずこしょうのものをそれぞれ5本ずつ作る。
4 フライパンにごま油を熱し、3を皮目から入れ、焼き色がつき火が通るまで焼く。
5 お弁当箱に詰めたご飯に、爪楊枝から外した焼きとりともやしのナムル（p.48）、ゆでた枝豆などをのせる。

海苔弁当

シンプルに見えて、いくつかの具材が何層にも重なっているのが、我が家の海苔弁当です。

材料（2人分）

かつお節 … 1パック
しょうゆ … 適量
昆布の佃煮 … 適量
ご飯 … 適量
のり … 1枚

作り方

1 お弁当箱の半分のスペースに、ご飯を薄くしく。
2 1の上に、かつお節としょうゆを混ぜたおかかをしく。
3 2の上にご飯を薄くしく。
4 3の上に昆布の佃煮をしく。
5 4の上にご飯を薄くしき、のりをのせる。
6 あいたスペースに、ゆで芽キャベツ、ウインナー炒め、筑前煮、玉子焼き（p.41）、サイコロステーキ（＊参照）などを詰める。

＊サイコロステーキ

材料（2人分）

牛肉（ヒレ、ロースなどステーキ用）… 1枚
オリーブオイル … 適量
塩、こしょう … 各適量

作り方

1 フライパンにオリーブオイルを熱し、塩、こしょうした牛肉を焼く。
2 両面焼けたら、アルミホイルに包んで肉汁を落ち着かせる。5分ほどしたら、サイコロ状にカットする。

最後の晩餐は大根おろし丼。

最後の晩餐に何を食べたい？　これって誰もが話したことがあるはず。私は、福井の郷土料理、大根おろし丼。本当は、母がにぎった大きなおむすびが食べたいけれど。

大根おろし丼

熱々ご飯と冷えた大根おろし。絶妙なこの融合！（笑）　絶対に美味しいから試してみてほしい！

材料（2人分）

ご飯 … お茶碗2杯分
大根 … 5cm分（150g）
長ねぎ … 5cm分
かつお節 … 適量
しょうゆ … 適量

作り方

1　大根はすりおろし、水けを軽くしぼっておく。長ねぎは小口切りにする。
2　お茶碗にご飯を盛り、1の大根をのせ、しょうゆを回しかけたら、かつお節、長ねぎをのせる。

お赤飯

胸躍る。
めでたくない日でもお赤飯(笑)。

材料

もち米 … 3カップ
ささげ … 80g　水 … 3カップ
塩 … 小さじ1/2　ごま塩 … 適量

作り方

1 ささげはさっと洗い、ボウルにはった水(分量外)に30分ほど浸水させておく。
2 もち米は洗って、ざるにあげておく。
3 1のささげは水をきり、鍋に入れ、水3カップを加えて強火にかける。煮立ったら差し水(分量外)を加えごくごく弱火にして、あくを除きながら20〜25分ほど柔らかくなるまでゆでる。
4 ゆであがったら、ささげとゆで汁に分け、しばらくおいて粗熱を取る。
5 厚手の鍋に2、4のささげ、ささげのゆで汁550cc(足りなければ水を加える)、塩を加えて軽く混ぜる。ふたをして強火にかけ、沸騰したらごく弱火にして、12〜13分ほど炊く。火を止めて10分ほど炊く。
6 器に盛り、お好みでごま塩をふる。

まぐろのづけ丼

次男の大好物。すごく簡単なのに、豪華に見えるのがありがたい!

材料(2人分)

まぐろ(赤身) … 1柵(200g)
A しょうゆ … 大さじ2
　みりん … 大さじ1/2
　めんつゆ … 大さじ1/2
　酒 … 大さじ1
わさび … 小さじ1/2
ご飯 … どんぶり2杯分
青ねぎ … 適量
白ごま … 適量
のり … 適量

作り方

1 Aを耐熱ボウルに合わせ、600Wの電子レンジに40〜50秒かけ、アルコール分を飛ばし、冷ましておく。冷めたらわさびを加えてよく混ぜ合わせる。
2 まぐろは食べやすい厚さにそぎ切りにし、1の合わせだれに10〜15分ほどつけ込む。
3 器にご飯を盛り、2をのせ、たれを回しかけ、小口切りにした青ねぎ、ちぎったのりをのせ、白ごまを散らす。

牛肉万歳！　胃袋万歳！

牛肉はエネルギーの源。人を優しく笑顔にしてくれる。胃袋から喜びがこみあげる。
だからやっぱり、何かお祝いがある時は、牛肉。〝お肉＝ご褒美〟ですよね。

肉巻きおにぎり

かためにに炊いたお米にしっかり牛肉とのりを巻いた、最上級のおにぎり。

材料（6個分　2〜3人分）

ご飯 … 2合分
牛薄切り肉（すきやき用）… 3枚
塩、こしょう … 各適量
のり（おにぎり用）… 6枚

作り方

1 牛肉は半分に切り、塩、こしょうをふる。
2 テフロン加工のフライパンを熱し、1の牛肉を焼く。
3 両手のひら全体を湿らせ、手のひらから指先に塩をつけてご飯をのせ、三角形の塩むすびを握る。
4 3の塩むすびに2の牛肉を巻き、さらにのりを巻く。

焼き肉とキムチの野菜巻き

焼肉屋さんに行けない日でも、これだけで焼肉屋さんに行った気分に！

材料（2人分）

牛薄切り肉(or 切り落とし肉) … 250g

A
- 酒 … 大さじ2
- みりん … 大さじ2
- 三温糖 … 小さじ1
- しょうゆ … 大さじ2
- しょうがすりおろし … 1かけ分
- にんにくすりおろし … 1かけ分

ごま油 … 適量
白菜キムチ … 100g
サニーレタス … 適量
ご飯 … お茶碗2杯分

作り方

1 牛肉は食べやすい大きさに切る。
2 ボウルにAの調味料を入れてよく混ぜ合わせ、1の牛肉を加えてよくもみ込む。
3 フライパンにごま油を熱し、2の肉を漬けだれごと加え、たれをからめるように炒める。
4 器に盛り、サニーレタス、キムチを添える。サニーレタスに牛肉、キムチ、ご飯を巻いて食べる。

ローストビーフ

豪華〜なイメージのローストビーフは、子どもたちだけでなく母の気分も上がります。

材料（作りやすい分量）

牛かたまり肉(イチボなど) … 700g
塩、こしょう … 各1つまみ
にんにく … 2かけ
オリーブオイル … 適量

A
- 長ねぎ(青いところ) … 1本分
- バター … 30g
- ケチャップ … 大さじ2
- 酒 … 1カップ
- オイスターソース … 大さじ1
- しょうゆ … 1カップ
- ウスターソース … 1/2カップ

作り方

1 牛かたまり肉に、塩、こしょう、にんにくのすりおろしをなじませ、オリーブオイルを熱したフライパンで、表面をカリカリに焼く。
2 肉を焼いている間にAのソースの材料を鍋に入れて少し煮詰める。
3 肉が焼けたらソース鍋に入れて5〜6分煮て、そのまま1日置いて完成。豪快に分厚く切って召し上がれ。

揚げ物とは、我慢大会。ご褒美は、つまみ食い。

揚げ物は苦手……。そういう声をよく耳にしますが、私は大好き。むしろシャキッと仕上げるのが難しい炒め物のほうがなかなかコツをつかめません。

揚げ物のコツは、どこまでほうっておけるか。揚げている途中に不安になって何度も触ると、衣がはがれたり中身が出てきてしまったり……。ギリギリまでほうっておいて、焦げる手前でサッと引きあげる。まさに、我慢大会。私も何度も失敗を重ね、ようやくタイミングをつかめるようになりました。天ぷら屋さんは音で引きあげ頃がわかると言いますが、私も早くそこまで到達したいものです。

茶色いおかず代表の、唐揚げやカツ、えびフライなどの揚げ物は、お弁当にもよく登場します。でも、最近の息子たち、舌が肥えてきたのか、「揚げ物はお弁当じゃなくて熱々のほうがいいいな」なんて言いだしました。贅沢だな〜！　と思いつつ、わかるわかるその気持ち。

私が揚げ物を食卓に出す時は、いかに熱々で食べさせるか、に勝負をかけています。キッチンとテーブルを何往復もして、口の中をやけどしたもん勝ち！　というくらい（笑）。だから、その差をわかってくれたのは、なんだか嬉しい。

きっとどこのお母さんも一緒だと思います。せっかくなら一番美味しい状態で食べてもらいたい。そこには母の愛情が詰まっています。

やけどするほどの熱々を出すということは、揚げ物係に徹するということ。一緒に食卓に座って食事をする気はハナからありません。だから、揚げ物の日は、もっぱら立ったまままつまみ食い。もうそれでお腹いっぱい（笑）。一番の熱々をハフハフしながら食べるのが最高に美味しい。それが、揚げ物係のご褒美です。

ソースカツ弁当

福井県→ソースカツ→知らない人→ニセモノというくらいの定番食。

材料（2人分）

豚ヒレ肉（カツ用）… 4枚
塩、こしょう … 各適量
揚げ油（ごま油）… 適量

A
- 薄力粉 … 大さじ1
- 溶き卵 … 1/2個分
- パン粉 … 適量

B
- お好み焼きソース … 大さじ2
- ウスターソース … 大さじ1
- みりん … 大さじ1
- 酒 … 大さじ1
- 砂糖 … 小さじ1強

ご飯 … 適量

作り方

1 豚肉は塩、こしょうをふり、Aのフライ衣を薄力粉、卵、パン粉の順につけ、180℃の油でカラッと揚げる。
2 フライパンにBを合わせてひと煮立ちさせ、そこに1のカツを加えてからめる。
3 お弁当箱にご飯を詰め、2のカツをのせ、残ったソースも少し回しかける。

そら豆とれんこんの天ぷら

ビールに最高。お酒も飲めないくせに、酒のつまみ命（笑）。

材料（2人分）

そら豆 … 5本ほど
れんこん … 1節

A
- 天ぷら粉 … 100g
- 水 … 100cc
- 白だし … 大さじ1/2

氷 … 2〜3個
揚げ油（ごま油）… 適量
塩 … 適量

作り方

1 そら豆をさやから出しておく。
2 れんこんの皮をむき、薄切りにし、水にさらしたら水けをふく。
3 ボウルにAの衣の材料と氷を入れて混ぜ、氷を溶かす。
4 揚げ油を180℃に熱し、1と2を3の衣にくぐらせて入れ、さっくりと揚げる。
5 油をきって、お好みで塩で食べる。

里芋とえびのコロッケ

たまに作る、さっぱりねっとりのコロッケは
シンプルにお塩でいただきます。

材料（作りやすい量）

里芋…10個
塩、こしょう…各少々
白だし…小さじ1
玉ねぎ…大1個
バター…適量
えび…10尾
長ねぎ…1本

A　片栗粉…大さじ1
　　溶き卵…1個分
　　パン粉…適量

揚げ油（ごま油）…適量

作り方

1　皮をむいてゆでた里芋を、ボウルでつぶし、塩、こしょうと白だしを加える。
2　フライパンにバターを熱して、みじん切りにした玉ねぎを炒め、あめ色になったら細かく切ったえびを加えてさらに炒める。
3　1と2、みじん切りにした長ねぎをボウルに入れて混ぜる（a）。
4　好きな形にまとめ、Aの衣の材料を片栗粉、卵、パン粉の順につけて、なじませる（b）。
5　4を180℃の油できつね色になるまでカラッと一気に揚げる（c）。

a

b

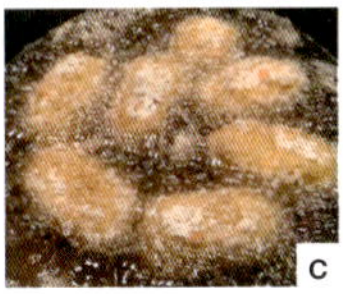
c

家のカレーは毎回、味も具も変わる。

カレーは、その時の気分と家にある材料で作るもの。バリエーションは無限。最近息子からバターチキンカレーのリクエストがあり、何だか成長を感じました。

玉ねぎだけのカレー

シンプルカレーは、おしんこ、ベーコン、チーズなど、好きなものをトッピングして。

材料（4人分）

玉ねぎ … 大2個
オリーブオイル … 大さじ1
塩 … 小さじ1
こしょう … 少々

A
カレールウ（フレークタイプ）… 1袋（170g）
カレールウ（固形タイプ）… 1箱（140g）
オレンジジュース（りんごの搾り汁や市販のりんごジュースでも）… 100cc

ウスターソース … 大さじ1
ご飯 … 適量

作り方

1 玉ねぎを薄め、厚めとランダムに切る。
2 鍋にオリーブオイルを熱し、1を入れて強火で炒める。中火にしてあめ色になるまで15〜20分炒め、塩、こしょうをする。
3 水1000cc（分量外）を加え煮立ったら、Aを加え30分ほど煮込む。
4 器にご飯を盛り、3をかける。

夏野菜のスープカレー

食欲が減ってくる夏は、さらっとしたスープカレーかスパイシーカレーが定番に。

材料（3〜4人分）

かぼちゃ … 小1/2個
ズッキーニ … 1本
なす … 3本
フルーツトマト … 2個
とうもろこし … 1本
豚薄切り肉（肩ロースなど）
… 100g
バター … 1かけ
にんにく … 1かけ
カレー粉 … 大さじ2
揚げ油（ごま油）… 適量
オリーブオイル … 適量

A
水 … 1500cc
カレールウ … 100g〜
（お使いのものによって調整を）
マンゴージュース … 大さじ2
ウスターソース … 30cc
白だし … 大さじ1
オイスターソース … 大さじ1

ご飯 … 適量

作り方

1 厚手の鍋にバターを熱し、みじん切りにしたにんにくとカレー粉を入れて炒める。香りが立ってきたらAをすべて入れて弱火で30分ほど煮込む。

2 その間に野菜の準備。半分に切り、皮に斜めに切れ目を入れたなすは素揚げに。くし形切りにしたかぼちゃ、ひと口大に切った豚肉、輪切りにしたズッキーニ、厚めの輪切りにしたトマトは、オリーブオイルを熱したフライパンでソテーする。実だけそぎ切りにしたとうもろこしはボイルする。

3 器にご飯を盛り、2の野菜をのせ、1のカレーを回しかける。

えびはスーパースター！

子どもからたびたびリクエストがあるのは、えび塩。えびに塩をふって焼くだけのメニューですが、えびってどんな料理にしても華がある。食卓のスターだと思う。

えびフライ

子どもの頃、えびフライがあるとご馳走だと信じていて、今でもそう思う。

材料（2人分）

えび（殻付き）… 中6尾
塩、こしょう … 各適量
片栗粉 … 適量
溶き卵 … 1/2個分
パン粉 … 適量
揚げ油（ごま油）… 適量
ソース … 適量

作り方

1 えびは背わたを取り、尾の一節を残して殻をむく。ボウルにえびを入れて塩もみしたのち、水洗いし、よく水けをきる。
2 腹側に数ヵ所、軽く切り込みを入れ、手で押さえてまっすぐに伸ばす。
3 えびに塩、こしょうし、片栗粉、溶き卵、パン粉の順につける。
4 揚げ油を170℃に熱し、えびを入れ、カリッときつね色になるまで揚げる。
5 お好みでソースをかける。

えびときのこのオイル漬け

オイル漬けは日持ちするうえに、サラダに使ったり、パスタにしたりと万能です。

材料（作りやすい分量）

えび（殻付き）… 8尾
太白ごま油 … 250cc
にんにく … 2かけ
オイスターソース … 大さじ2
しめじ … 1株
まいたけ … 1株
しいたけ … 4個

作り方

1 ごま油とたたいたにんにくを保存容器に入れる。
2 えびの殻をむいて背わたを取り、テフロン加工のフライパンで空炒りする。色が変わってきたらオイスターソースをからめて水分が飛ぶまで炒める。
3 しめじとまいたけは小房に分け、しいたけは軸を取り半分に切る。ごま油（分量外）を熱したフライパンで炒める。
4 冷ました2、3を1に入れて、冷蔵庫で保存する。

*写真は、ゆでたパスタとアスパラガス、カリフラワーと和えた一品。

えびの生春巻き

スターであるえびが、恥ずかしそうに野菜と一緒にシルクのシーツにくるまっている。

材料（2〜3人分）

えび … 6尾
きゅうり … 1/2本
にんじん … 小1/2本　水菜 … 1株
ライスペーパー … 4枚
スイートチリソース（市販）… 適量

作り方

1 えびは背わたを取り、酒と塩少々（分量外）を入れた熱湯でゆでる。粗熱が取れたら殻をむき、厚みを半分に切る。きゅうりとにんじんは細切りにし、水菜は10cm長さに切る。
2 ライスペーパーは水にくぐらせて戻し、かたくしぼった濡れ布巾の上にのせる。
3 2の半分より手前に水菜を横にしき、その向こうに水菜を横にしき、その上に、きゅうりとにんじんの1/4量をのせる。その向こうに、えびの1/4量を少し間隔を開けながら並べ、具を押さえて、ライスペーパーを手前から巻き込む。ひと巻きしたら、左右を内側に折りたたみ、空気が入らないようにしっかり巻く。残りの3本も同様に巻く。
4 器に盛り、スイートチリソースを添える。

牡蠣を作ってくれた神様、どうもありがとうございます。

世界が終わる日に食べたいものベスト3に必ず入る、牡蠣。広島の人と結婚したら、毎日牡蠣食べ放題なんじゃ……とよくわからない想像までしたことがあるくらい（笑）。外食の時も、デザートに牡蠣を食べることがあります。甘いものがそんなに好きではないので、私の別腹は牡蠣用。最後に口の中を牡蠣にして、その食事を終えたいのです。

好きなのはやっぱり生牡蠣。新鮮で小ぶりなものが好き。牡蠣がメニューにある外食先に出かけた時は、さりげなく牡蠣が苦手という人の隣へ……（笑）。牡蠣嫌いの人とは気が合わないけれど、牡蠣嫌いの人の横に座るのは大好き♡　必ず「食べる？」と聞いてくれるので。そして牡蠣好きの人とは気が合うけれど、ちょっとしたライバルでもある……。

こんなふうに変な気分にまでしてくれるのが、牡蠣。これで牡蠣愛がわかっていただけたでしょうか？　牡蠣という文字を見たら、私を思い出してくださいね(笑)。牡蠣を作ってくれた神様に感謝しながらいただいています！

牡蠣フライ

愛する牡蠣。生で食べるのが最も好きだけれど、フライになっても大好きよ♡

材料（2人分）

牡蠣 … 大4個
片栗粉 … 適量
溶き卵 … 1個分
パン粉 … 適量
揚げ油（ごま油）… 適量
中濃ソース … 適量

作り方

1 牡蠣の下処理をする。ボウルに牡蠣と塩、片栗粉を各小さじ1（分量外）入れて軽く混ぜ、水を入れてゆすぎ、水けをしっかり拭き取る。
2 牡蠣に片栗粉、溶き卵、パン粉の順につける。
3 揚げ油を180℃に熱し、牡蠣を入れ、きつね色になるまで1〜2分揚げる。
4 油がきれたら中濃ソースをかける。

牡蠣とトマトのそうめん

牡蠣とトマト。強引な組み合わせかと思いきや、私的には大満足。

材料（1人分）

牡蠣 … 3個
オイスターソース … 小さじ1
粗びきこしょう … 少々
にんにく … 1/2かけ
しそ … 5枚
フルーツトマト … 2個

A
めんつゆ（5倍濃縮）… 大さじ2
水 … 大さじ4
白だし … 小さじ2
ごま油 … 小さじ3

そうめん … 適量

作り方

1 p.63と同様下処理した牡蠣は、フライパンで空炒りし、オイスターソースをからめて炒めてこしょうをふる。
2 にんにくはみじん切り、トマトは角切り、しそはせん切りにする。
3 2とAの調味料をボウルに入れて混ぜ、冷蔵庫で冷やす。
4 3を器に入れ、1の牡蠣をトッピングし、ゆでたそうめんをつけていただく。

牡蠣とたっぷり野菜の和えもの

牡蠣と野菜を和えるなら、半生の牡蠣を選ぶとなおさらよし！

材料（2〜3人分）

牡蠣 … 8個　ごま油 … 適量
白菜 … 1/4個　ほうれん草 … 1/2わ
大根おろし … 1/4本分
あさつき … 適量

A
ポン酢 … 大さじ4　みりん … 大さじ2
オイスターソース … 大さじ1
酒 … 大さじ1　ごま油 … 大さじ1
ナンプラー … 小さじ1
豆板醤 … 小さじ1
にんにくすりおろし … 少々

作り方

1 牡蠣はp.63と同様下処理する。ごま油を熱したフライパンに入れて、水分が飛び、焼き色がつくまで弱火でじっくり炒る。
2 白菜とほうれん草はざく切りにし、かたゆでし、しっかり水けをきる。あさつきは小口切りに。
3 ボウルにAの材料を入れて混ぜ、1の牡蠣と2のあさつき以外を入れて和える。
4 牡蠣を器に盛り、大根おろしとあさつきをのせて、ボウルに残ったたれを回しかける。

牡蠣の土鍋ご飯

牡蠣のエキスがたっぷりしみこんだご飯なら
牡蠣なしでも合格です♡

材料（4〜5人分）

米 … 3合
牡蠣 … 8個
しょうが … 2かけ
油揚げ … 1枚
あさつき … 適量

A
水 … 50cc
酒 … 大さじ2
みりん … 小さじ2
砂糖 … 大さじ1
めんつゆ … 大さじ2
しょうゆ … 大さじ1
だしパック … 1つ
塩 … 1つまみ

作り方

1 米をとぎ、しばらく置く。油揚げは細切り、しょうがは薄切りに。牡蠣はp.63と同様下処理する。

2 Aとしょうがを小鍋に入れて火にかけ、牡蠣を弱火で5分ほど煮たら、だしパックを取り、牡蠣も分けておく。

3 土鍋にお米、2のだしと水（分量外）を合わせて630ccを入れ、その上に油揚げ、牡蠣をのせる。

4 中火にかけて、蒸気が出たら弱火にして13分、火を止めて10分蒸らす。

5 炊き上がったら、刻んだあさつきをちらす。

煮込む時間は、心をかける時間。

煮込むって、単純に愛情だと思う。ストーブの上に大きな鍋がのせてあり、おでんやあずきをことこと煮ていた母の姿、その姿に幸せを感じていた自分を思い出します。

あずき煮（ぜんざい）

ストーブの上にのった金色の鍋の中の母のあずき煮を思い出しながら……。

材料（作りやすい分量）

あずき … 300g
三温糖 … 200g（甘さはお好みで加減）
もち … 適宜

作り方

1. あずきはいったん洗い、3倍程度の水でゆでこぼす。
2. 鍋にあずきと、あずきの4倍程度の水を入れ、弱火で1時間以上柔らかくなるまで煮る。
3. 三温糖を加え煮詰まるまで弱火で煮る。器に盛り、お好みで焼いたもちをのせる。

牛すじおでん

福井育ちの私の中で、定番おでんはやはり牛すじ一筋！

材料（4人分）

牛すじ … 400〜500g
A 水 … 1200cc
　酒 … 100cc
白だし … 75cc
しょうゆ … 大さじ1
大根 … 1/2本
結びしらたき … 8個
厚揚げ … 大1枚
結び昆布
（水でもどしたもの）
　… 6〜8個
その他具材
（練りもの、ゆで卵など）
　… お好みで

作り方

1 鍋に湯を沸騰させて牛すじ肉を入れ、ゆでこぼす。2回繰り返したら流水できれいに洗い、適当な大きさに切る。
2 圧力鍋に**1**と**A**を入れて、強火にかけ、圧力がかかったら弱火にして、1〜2分ほど加圧する。自然放置して圧が下がったらふたを開け、表面に脂分が多い場合は取り除き、牛すじ肉を取り出す。
3 牛すじ肉は竹串に刺す。大根は2.5cm厚さに切り、厚めに皮をむく。厚揚げは食べやすい大きさに切る。
4 **2**の鍋に白だし、しょうゆを加えてひと煮立ちしたら、**3**の牛すじ、大根、昆布を加えて、40〜50分ほど弱火でふたをして煮る。他の具材も加えてさらに30分煮る。そのまま冷まして味をしみこませる。

ざっくりだけどなんとかなる、人生とバナナケーキ。

目分量が特技の私でさえ、きちんと計量しないと成功しない気がして、ハードルが高いのがお菓子作り。ただ、心と時間にすごく余裕がある時に、チャレンジすることもあります。よく作るのはバナナケーキ。

そんなバナナケーキ作りの最中に、ベーキングパウダーがないことに気づきました。一瞬迷ったけれど、「エイッ！」と、ナシで作ってみたところ、もちろん膨らまなくて……。でも、味は美味しかった！　固定観念に縛られずにやってみたら、意外となんとかなったりするのは人生も同じかな。

バナナケーキ

切ってラッピングすると、ちょっとした手土産にも!

材料（1本分）

バナナ … 2本
バター … 60g
卵 … 2個
砂糖 … 50g
ベーキングパウダー … 5g
小麦粉 … 150g

作り方

1 バナナをビニール袋に入れて、粗くつぶす（写真a）。
2 ボウルで卵を溶き、溶かしたバター、砂糖、1のバナナを入れて混ぜる（写真b）。
3 小麦粉とベーキングパウダーも投入し、さっくり混ぜる（写真c）。
4 型にクッキングペーパーをしき、3を流し入れ、180℃のオーブンで35〜45分くらい焼く。

a

b

c

買い足さなくても美味しいもの、できるできる。

「お味噌汁の具材はわざわざ買うものではない」それは母の言葉。裕福な家ではなかったので、毎食作るお味噌汁だからこそ、お金をかけずにあるもので1品とするという生活の知恵だったんだと思います。

でも、その精神はお味噌汁以外にも通じる話。やっぱり、冷蔵庫にあるものでちゃちゃっと作れるのがお料理上手だと、私も思います。

冷蔵庫が空っぽだと、なんだか不安になってしまう（笑）。だからこそ、忙しい日々の中でも簡単にできる作り置きは欠かせません。

我が家の大切な作り置きの数々。右手前のきのこのオイル漬け(p.74)、にんにくしょうゆ、はちみつレモンなどは常に冷蔵庫に。中央のビンの中身は、プチトマトのマリネ。プチトマトを粒マスタード、白ワインヴィネガーで和えるだけ。ビン、タッパーなどの容器が大好きなので、作り置きの容器が整然と並ぶ冷蔵庫が理想です。

きのこのオイル漬け

サラダにも、おつまみにも最適。作り置いておくと安心できる1品。

材料（作りやすい分量）

きのこ
（しいたけ、しめじ、まいたけなどお好みで）
…300g
にんにく…1かけ

A
- 塩…小さじ1
- 白ワインビネガー…小さじ2
- しょうゆ…小さじ1/2強
- オリーブオイル…100〜150cc

作り方

1 しいたけは2〜4等分に切り、しめじとまいたけは石づきを除き、小房に分ける。にんにくはつぶす。

2 オーブンの天パンにクッキングシートをしき、きのこを並べ、180℃で25〜30分ほど焼く。

3 保存容器に2のきのことにんにくを入れ、Aの調味料を上から順に加える。しょうゆまで加えたら混ぜ合わせ、最後にオリーブオイルを全体がひたひたになるくらいまで注ぐ。

かぶの葉と高菜、じゃこ炒め

人は1人では生きていけないのと同じ。3つの力が合わさって、最強のパワーに（笑）。

材料（作りやすい分量）

かぶの葉…3個分（200g）
高菜漬け（刻んだもの）…30g
ちりめんじゃこ…50g
ごま油…大さじ1/2
しょうゆ…小さじ1
白ごま…小さじ2

作り方

1 かぶの葉は5mm〜1cm程度のざく切りにする。

2 フライパンにごま油を熱し、かぶの葉をさっと炒め、ちりめんじゃこを加え、全体に油が回るまで炒め合わせる。

3 2に高菜漬けを加えてさっと炒め合わせ、しょうゆで味を調え、白ごまを加えて混ぜ合わせる。

なすの中華風揚げ浸し

味はもちろんですが、なすが可愛らしく並ぶこの整列感が愛おしい！

材料（作りやすい分量）

なす … 5本

A
- 酒 … 大さじ2
- みりん … 大さじ1
- すし酢 … 大さじ2
- しょうゆ … 大さじ3
- にんにくのすりおろし … 1かけ分
- しょうがのすりおろし … 1かけ分
- ねぎのみじん切り … 1本分
- 鷹の爪のみじん切り … 1本分
- ラー油 … 少々
- ごま油 … 少々

揚げ油（ごま油） … 適量

作り方

1 なすは輪切りにする。
2 揚げ油を180℃に熱し、なすを入れ、火が通るまで1〜2分揚げる。
3 Aの材料を合わせ、油をきったなすをバットなどに入れ浸す。

きんぴらごぼう

我が家のきんぴらにはお肉が入ります。お弁当に入れると絶対残さない鉄板メニュー。

材料（作りやすい分量）

ごぼう … 1本
にんじん … 1本
牛切り落とし肉 … 50〜100g
ごま油 … 適量

A
- しょうゆ … 大さじ1
- 酒 … 小さじ1
- 砂糖 … 小さじ1
- 白だし … 小さじ1

作り方

1 ごぼうは皮をこそげ落とし、5〜6cmの長さにカットし細切りに。にんじんも同様に5〜6cmの長さの細切りに。
2 牛肉は1口サイズに切る。
3 フライパンにごま油を熱し、ごぼうとにんじんを炒め、油が回ったら牛肉も加えて炒め合わせる。
4 Aを加えて煮詰める。

どこにも売っていない「母の思い」という名の調味料。

料理には、作る人のその日の気分、感情、テンション、体調などが顕著に現れると思います。怒りながら作ったら、美味しくないものができるはず。だから、料理をする時は、なるべく優しい気持ちで作りたい。優しい気持ちで作ることで、一つひとつの行程に時間をかけたり、丁寧に切ったり、ちょっとしたことが確実に変わってくる。一番大事にしているのは、「母の思い」をふんだんに使うこと。どこにでもあるけれど、どこにも売っていない調味料。それが、料理を美味しくして、子どもたちを育てるのだと信じています。

これらは、我が家の調味料スタメンたちです。よく使うのは「さしすせそ」の基本調味料と、揚げ物、炒め物に欠かせないごま油。「ろく助の塩」や、秋田の調味料「味どうらく」も定番です。

高価なジュエリーより大切なものはキッチンにある。

早起きの私がキッチンに立つ時、外がまだ薄暗いことも。亡き母も同じ気持ちで毎朝お弁当を作ってくれていたのかな、と思います。

子どもの頃、眠い目をこすりながら起きると、必ず美味しい匂いがしていました。今でも覚えているチキンとミックスベジタブルばかりだった母のマンネリ弁当(笑)。あれを食べて育ったから、私は逞しいのかも……。

もちろんジュエリーだって好き。でも、私にとってそれ以上に大切なものがキッチンにはある。お弁当箱、タッパー、鍋……。思い出が詰まった宝物ばかり。プレゼントに、ジュエリーよりもキッチングッズを欲しがる希少な女です(笑)。

上／息子の応援などに持参することが多いので、増え続ける水筒やマグ。その時のシチュエーションや状況によって使い分けるので、他にもまだまだあります。下／このとても大きな鍋は、48歳の誕生日に、マネージャーからプレゼントされたもの。欲しかったけれど、買う勇気がなかった30cmの寸胴鍋。これは生涯初のユニークなプレゼントでした(笑)。

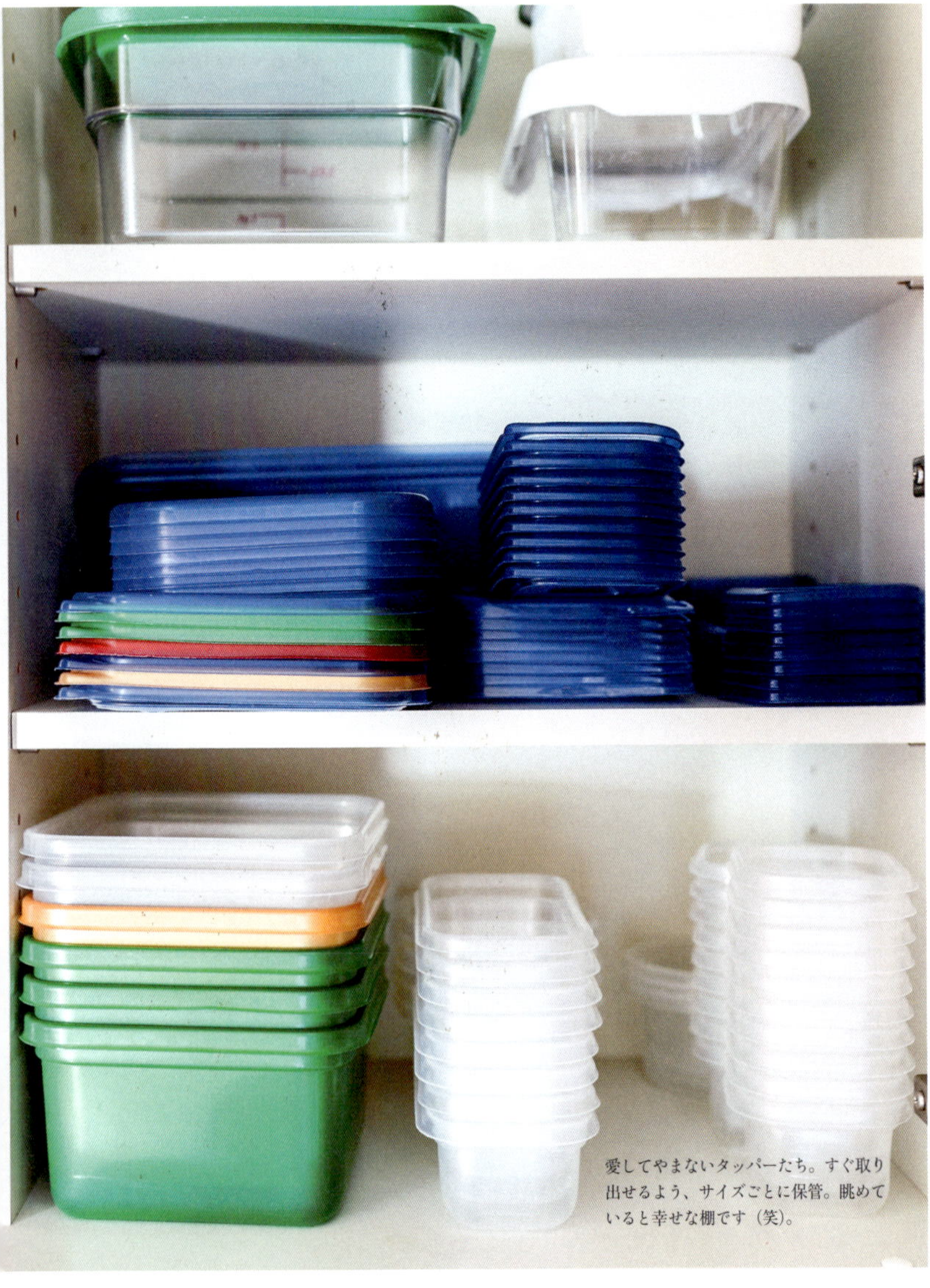

愛してやまないタッパーたち。すぐ取り出せるよう、サイズごとに保管。眺めていると幸せな棚です（笑）。

必需品のお弁当箱。中には、息子が幼稚園時代のものも。わっぱ弁当がどんどん増えてきています。

器は助演女優賞。かけがえのないパートナー。

好きな器は、土っぽく重みのあるもの。シンプルでざらつきのある質感。歳を重ねるにつれて服やメイクなどの趣味はどんどん変化してきていますが、器の好みは昔から変わりません。

母は大雑把な人だったので、取り皿を細やかに出すのではなく、大皿どん！　という感じでした。でも、私はテーブルセッティングにはこだわります。そこは反面教師。美しい器は料理をさらに美味しく見せてくれる、その力を知ってしまったから。助演的な存在に、感謝です。

ごまは必ず、使う直前にすります。この作業が意外とストレス発散にもなったりして。

小さいお茶碗はCPCM、大きいどんぶりと箸はsarasa design lab。子ども用のご飯茶碗を買ったつもりが、どんぶりだったようです（笑）。

器は少数精鋭派。このスタメンたちは、どれも一目惚れで買ったものばかり。野生の勘で、決める時は早いです。年々、器の大切さを実感しています。

Tシャツ／SLOANE　パンツ／JANE SMITH　バングル／Vintage　サンダル／Yves Saint Laurent

3

ファッションのはなし

私が背中を
押してほしい時、
服が勇気と力をくれる。

自分に合うデニムとTシャツを見つけると体が跳ねる。

「Tシャツがダサい」。大昔のボーイフレンドに言われた言葉です(笑)。おかげで、Tシャツへの苦手意識はだいぶ長かったと思います。その言葉を未だに覚えているくらいなので、相当ショックだったんでしょうね(笑)。私自身は人には絶対に、ダサいなんて言わないと心に決めています。

年齢を重ねてようやく最近、「自分が好きだったらそれでいい」にたどり着きました。自信をつけたというよりも、人からどう思われるかをそこまで意識しないでいられるようになったんです。時間と経験が解き放ってくれたのだと思います。

そんな今、私にとっての定番といえば、あんなに苦手だったはずのTシャツ＋デニムのスタイル。

もちろんTPOや年齢には、きちんと配慮して……。

Tシャツは、苦手意識を克服するために、かつてはVネックを選び、スタイリングに必ず女性らしさをプラスするようにしていましたが、今は首が詰まったクルーネックが一番好き。カジュアル100%でもOK！　ずいぶんと変わったものです。

中でももっとも多く着ているのが、白Tシャツです。白って合わせやすそうに見えてじつは、自分のコンディションがよくないと着られないんです。元気がないと、沈んで老けて見えてしまったり……。「今日は白を着よう！」と思える朝は、自信が出ます。

一方、私にとってのデニムとは、心を裸にして穿くイメージ。色、形、サイズ感が重要です。そしてさらに大事なのは〝育てがいのあるデニム〟かどうか。

50代はどんなスタイルになっていくんだろう。

まだまだ白Tシャツは持っていますが、もっともよく着るのがこの5枚。ピタピタすぎず、ゆるすぎず、絶妙なフィット感が大事です。白Tシャツこそ、必ず試着してから購入します。1. JAMES PERSE　2. three dots　3. SLOANE　4&5. AK+1

最もよく穿いているのが右のJANE SMITH。Johnbullはハイウエストが今っぽい。AK+1は、スタッフの人と何度も意見を出し合いながら作った自信作です。デニムの王道を意識しました。
1. JANE SMITH　2. AK+1　3. Johnbull

女の要素ゼロアイテムが週末の制服。

モデルとしてはどうかと思いますが、この週末スタイルが今、一番心地いいんです。スポーツに打ち込む男子2人を育てていると、週末を過ごすのはグラウンドばかり。泥や砂埃まみれで、顔には自然なノーズシャドウが……（笑）。

でも、そんな息子たちとの生活のおかげで、新しい世界が広がりました。カジュアルが楽しいし、メンズブランドにも興味津々。フェミニンであることを意識していた20代の頃とは、もうすっかり真逆のクローゼットが完成。スウェットパーカー、キャップ、楽ちんパンツ、スニーカー。週末はほぼこのスタイルに。ハイブランドよりも、

チャンピオンは、カジュアル感とトレンド感のバランスが絶妙。キャップはつばが深いものを選びます。　キャップ／√2 135°　パーカー、パンツ／Champion　スニーカー／beautiful people

NIKEやUNDER ARMOURがあれば大丈夫。色もグレー、黒、白！

女の要素ゼロアイテムと、手に取る気にもならなかったパーカーが、今では主役になるなんて、人は変わるものです（笑）。ただ、スウェット素材の服は、パジャマと紙一重の存在。だからこそ、大人の女性が着るアイテムとして、かなり慎重に選んでいます。まずは、そのまま寝てしまえるようなくたくた素材のパーカーは避け、フードがきちんと立つ肉厚のものを選択。あとは、サイズ感。歳を重ねると、カジュアル服でも女性らしい服でも、バランスがとても重要になってきます。

似合わないと敬遠していたパーカーに一歩踏み出せたのは「ATON」のパーカーに出合ったのがきっかけ。女性像を感じられるパーカーのおかげで、タイトスカートに合わせたい！　ドレスにあえて羽織りたい！　など、色々なスタイリングをイメージできるようになりました。

今では、周りから「何よりパーカーが似合うね」と言われるほど。なんだかくすぐったい気分です。

これぞ、女性が着る、女性のための、女性ならではのパーカー。このパーカーに出合って、自分らしく着こなせるという自信がつきました。
パーカー／ATON

今ではI LOVE NIKEですが、昔は『ニケ』と読んでいたくらいのスポーツ音痴でした（笑）。 パーカー、パンツ／NIKE

女性にも似合うようなスウェットアイテムがたくさん出てきて嬉しい限り。クルーネックも大好きです。パーカーはグレーと白だらけ！ 1. Vintage 2. Champion 3. AK+1 4. SCYE BASICS 5. SLOANE

ワンピースには「好き」がいっぱい詰まっている。

息子ができてから週末は基本、パーカー、スニーカー、キャップになった私でも、ワンピースは昔から大好き。そこだけはずっと変わらない。

変わったのは、ワンピースに合わせる靴。昔はパンプスを履いていたけれど、今はそれだと気恥ずかしい。マキシ丈のワンピースにスニーカーやぺたんこサンダルなどのカジュアルな足元が今は一番しっくりきます。なんなら裸足でもいいくらい(笑)。

コンサバな時もあったし、子どもの学校にはきれいな格好もして行くけれど、自由にワンピースを着られる時間が、何より心地いいんです。

ワンピース／BOTTEGA VENETTA

白のロングワンピースを着ると気分が上がります。やっぱりウエディングドレスのイメージだから？(笑)　1人のお出かけの時や、気合いを入れたいお仕事の時に、選ぶ白。白の力ってすごい。
右／HOUSE OF LOTUS　左／FENDI

この2着は、唯一〝女〟の部分が少しだけ見え隠れする服。風で揺れる感じが、か弱い雰囲気でさらによし！ パーティーはもちろん、普段にも着ています。右／BOTTEGA VENETTA　左／DRESS

年々、脱V。隠すくらいが女らしい。

女といえば、Vネックでしょ！　という時代もありましたが、今ではすっかりタートル派。隠しているくらいのほうが、逆に女らしいのでは？　なんて思い始めたのは40歳前後の頃でした。

隠していても色気を感じる人に会った時、格好いいなぁと思ったんです。色気は香り立つもの！

今は、ストールを巻いたり、ぐっと立ったタートルネックだったり、首元にボリュームを作るのが好きです。シャツの衿も高いほうがいい。完全首元フェチ。

ざっくりとした編み目のタートルネックは完璧。じつは、一番好きなタートルネックは、ノースリーブ。肩は出ているけれど、首元はぐっと隠れている、そのバランスが好き。右／SLOANE 左／GOOD STUDIOS

元気は足元から。雨の日こそ、スニーカーで外に出よう。

カジュアルとは程遠かった若かりし頃は、スニーカーといえばコンバース、というくらいの知識だった私。男の子を産んで初めて、スニーカーの種類の多さを知りました。いつの間にか息子たちに足の大きさも抜かされてしまい、彼らのお下がりスニーカーを私が履いています。

心がけているのは、こまめに洗うこと。あまりにも汚れてきたら、もうそれは週末用へ。スニーカーのおかげで、足元が気になってしまう雨の日もすっかり克服できました！　スカートにも合わせる、今やコーディネートに必要不可欠なアイテムです。

ヒールがないと怖くて履けなかった私がこんなにもスニーカーに移行する日がくるなんて。50代、スニーカーを履いて元気に走り回りたい！　1. beautiful people　2. converse　3. HYKE×adidasのコラボ

確実に増えたカーキアイテムは、まさに戦闘服（笑）。

男の人のイメージが強かったので、とくに好きになったのはここ数年。カーキの世界に足を踏み入れたきっかけは、カーゴパンツ。どうやってカーゴパンツを女性らしく着られるか、それを考えるのが楽しくて仕方がなく、カーゴパンツ×ヒールは定番スタイルでした。今では、ヒールでもなくスニーカー。とことんボーイズなスタイリングに。もはや、抜け感なんていりません。戦闘服ですから（笑）。

カーキは色味次第で印象もガラリと変わる。カーキにも慣れてきて、濃いカーキから薄いカーキまで、そのグラデーションを楽しめるようになってきました。

Tシャツは白とカーキばかり。色が男の子のイメージだからこそ、サイズ感はコンパクトなものが好き。戦闘服のイメージで、ちょっと気合いが入ります。1. RE/DONE 2. Vintage 3.4.5 AK+1

ブラウンは、私にとって「人生をともに歩む色」な気がします。

「メラニンちゃん」それが私の子どもの頃からのあだ名。すぐ日に焼けてこんがり肌に。目の色も髪の毛も茶色い。自分のパーツにブラウンカラーが多いので、私の中でとっても身近な色なんです。

とくに今、息子のスポーツの応援で1年中焼けている(!?)私の肌色に、アースカラーがしっくりなじむように思います。そして、ブラウンはモノトーンのようにシャープな印象になりにくい柔らかさも魅力のひとつ。色味の濃淡によって印象ががらりと変わる、ブラウンカラー。歳を重ねながら、楽しみたい色のひとつです。

テラコッタやキャメル、ダークブラウン……。ブラウンのグラデーションで、楽しみ方が広がります。1.ワンピース／Chloé　2.ニット／AK+1　3.パンツ／BOTTEGA VENETTAのメンズ

長年着ている服は、お守りみたいなもの。

ファッションは、ことばがなくても〝今の自分〟を表現できる最大の武器。「人が着ているから」「流行だから」にとらわれず、〝今の自分〟の気分にしっくりくるものを選ぶのが正解だと思います。

コンサバだった若かりし頃に比べて、子育てを経てカジュアルなスタイルが増えてきた昨今。不要な物は思い切って処分してしまうほうだけれど、一方で、クローゼットに生き残ってきた服たちもあります。中には、20代後半から着つづけているアイテムも。一貫して好みのアイテムというのがあって、私の場合、それはどうやらジャケットやマキシ丈のスカート。これらは、きっとこれからも着るであろう精鋭たちです。もちろん、モデルという仕事上、毎シーズン新しいファッションに触れていて、それも喜びなのですが、ふとした時身につけるのはなぜかこれらの懐かしい服たち。流行の服とは違うし、ちょっとした汚れやほころびがあったりするけれど、いつ身につけても変わらずに気分を上げてくれる愛すべき服たちなんです。

今、ヴィンテージがファッションの立派な1ジャンルになってくれているおかげで、ちょっとくらい古くさくても〝ヴィンテージ感〟と思えば、可愛く感じてしまいます。何事も気の持ちよう！（笑）

20年近く着ている服は、お守りみたいなもの。そんなに登場回数は多くなくても、クローゼットに並んでいるだけで安心感をくれる特別な存在です。

大げさなようだけれど、1着の服に自分の歴史を重ね合わせてしまう……。かつて着ていた時の景色や感情が鮮やかに蘇ります。いろいろな時期をともに過ごしてきたからこそ、汚れても傷ついても、思いは色褪せない。

Alessandro dell'Acquaのレザージャケットは、10年選手。衿口のリブ、色合いやコンパクトなサイズ感に惹かれました。10年という月日のおかげで、いい感じになじみ、ますます愛おしい1着です。

Christopher Totmanのジャケットは、質感・色は100点、立体的なフォルムは200点！　20年ほど前に、自由が丘のセレクトショップで何時間もかけて選んだものです。

Alberta Ferrettiのスカートは、ベストマザー賞の授賞式で着た思い出の１着。撮影で出合って一目惚れしてお買い取りしたものです。ウエストラインの仕上がりがとても好き。ぺたんこ靴で穿いています。

Dries Van Notenのマキシスカートは、長男がお腹にいる時に買ったもの。わざと大きめを買い、膨らんだお腹の下で穿いていました。出産当日もこれを着て行ったくらいお気に入りの、長男と同い年のスカート。

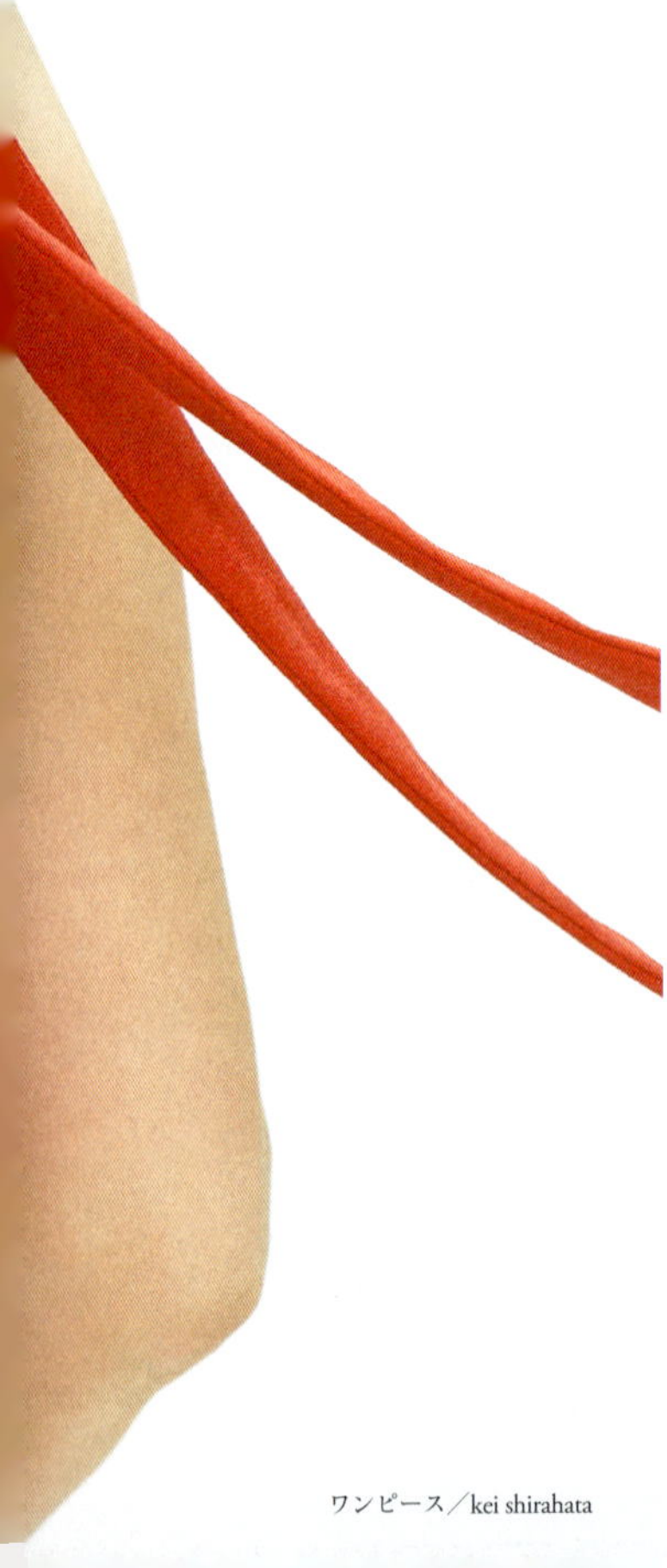

4

体と心のはなし

40代からは、貯金よりも貯筋！

ワンピース／kei shirahata

自分の体の変化にワクワクできる。それが今、嬉しい。

もともと運動嫌いな私。体を動かすことからは、できる限り目をそむけて生きてきました。何しろ、近所のコンビニにも車で行くような女でしたから……。パーキングでは入り口に一番近い場所を待ってでも確保するし、駅では必ずエスカレーターを使うし、坂道も上らない。意地でも動きたくなかったんです(笑)。

とくに若い頃は痩せていることが重要で、問題があっても食事だけで何とかコントロールできる、と思っていました。そんな私の心に変化が起こったのは、2年ほど前のある日。子どもの練習に付き添って、山の上にあるグラウンドに行く機会があったのです。気持ち的には余裕でしたが、いざ登り始めると息切れはするし、足腰はつらい。自分の体力のなさに愕然。子どもたちがひょいひょいと登って行く姿を見て、負けず嫌いに火がつきました。ここを軽快に登れる女になりたい！　と。

普段から散々子どもたちにハードなトレーニングを要求したり、精神論を唱えたりしているイタイ母が、とうとう重い腰を上げる時がきました。それまでは考えもしなかった筋力の重要さに目覚め、一念発起してスタートさせた40代後半からのジム通い。メリハリのある健やかな体を目指して、〝貯金〟より〝貯筋〟です。

時間はかかるけれど、ちょっとずつ体の変化を感じています。大人になると、なかなか自分自身に合格点なんて出せないもの。でも、ジムで自分の限界に挑戦して、腹筋でも、ウエイトでも、前にはできなかったことができるようになるだけで、ものすごく達成感がある。それが自信になって、また次に進もう、って思えるんです。

今ではコンビニには小走りで行きます。これからはパーキングでも、あえて入り口から一番遠いところに停められる女になりたい（笑）。

後ろ姿が笑っている、そんな人になりたい。

昔、あるベテランの女性カメラマンさんに「後ろ姿が可愛いね」と言われたことがあります。後ろ姿でも笑っているのがわかると……。でもじつはそう言われた時、素直に喜べなかったんです。「え、顔見えないのに……」。でも今となっては究極の褒め言葉だと勝手に思います。

後ろ姿には色々な要素が詰まっている。その人の性格やその日の気分、今まで生きてきた人生まで表現されているような……。

ジムに通うようになって初めて知ったのは「肩甲骨」というワードでした。それまで自分の肩甲骨がどこにあるかなんて、意識したこともなかった。それが運動するよう

になって、肩甲骨が動くと大きな呼吸ができる、心地いい！ってことに気づいたんです。体のこわばりが取れて、背中に変化が出てきたのを感じます。
性格や人生はなかなか自分では変えられないけれど、姿勢は変えられる！　姿勢が変わると、不思議と気持ちも変わるんです。
私も元気な日ばかりではありません。一歩も外に出たくない日もある。でもそんな日こそあえてジムに行って体を動かしてみる。体が軽くなると自然に、自信ややる気が出てくる。
むしろ今は後ろ姿美人、目指してます（笑）。

体がこわばると、心もこわばる。体と心はつながっている。
それをはっきり実感させてくれたのがジム通い。

私、脱がせ上手。

「すっぴんで外になんて出られない！」という話をよく聞きます。そんな時、私がいつも言うのは、「すっぴん見せたって死にゃしないよ！」です(笑)。

次男の野球の付き添いで早朝5時6時集合とか、合宿で数日、他の子のお母さんと同じ部屋で過ごしたり……。そんな経験をすることがあります。そういう時にさらっとすっぴんになれる、素顔で話ができる人とは、不思議とそれまでと違った関係になれる気がするんです。素顔を見せることって、ちょっと勇気がいるけれど、でも人と人の距離を縮める一番の近道なのかなと思います。

今までメイクをした時にしか会ったことのなかったお母さんが、すっぴんで現れた時！　ぎゅっと心が掴まれて可愛くて可愛くて仕方なくなります。そうすると伝えたくなるのが私の性格。「可愛いよ～、むしろいつもより可愛い！」なんて言うと、最初は恥ずかしがってサングラスや手で隠していたのに、いつの間にか堂々とすっぴんで笑ってくれるようになる。そんな時、心を裸にできたような気がして嬉しくなっちゃうんです。

例えば妄想だけど、カメラマンさんが大女優のヌードを撮ってる時みたいな(笑)。私、意外と脱がせ上手かも(笑)。

すっぴんになれる関係＝心を開放できる関係。こちらが心を開けば相手も自然と開いてくれる。次第になんでも言える間柄になったりします。

男性との関係にもそれは言えること。メイクでキレイに仕上げた顔で出会っても、すっぴんになれてからこそが本気の関係なのかな、と。

素顔も心も丸ごと好きになりたい。すっぴんを見せられる関係……。あなただけには見せられる、なんて言われるとなお嬉しい。

今の私を作る、3つの顔。

時々子どもたちがお風呂上がりの私を見て言うことがある。「顔面薄っ」。眉毛が太いのでそこまでメイク顔と素顔の差を感じてこなかった私ですが、年齢もあり、お風呂上がりは物足りない顔。子どもは容赦なくそこをいじってきます(笑)。「顔面薄っ」な家での私、お仕事でのフルメイク顔、普段の薄メイク……この3パターンの顔が私を作っています。薄↓濃になる瞬間は気持ちが上がり、濃↓薄になる瞬間はふっと肩の力が抜けてそれもまた好き。

シーンごとにメイクの強弱をつける……なんてことができるのは、大人の女性ならではの楽しみかもしれないですよね。

チュニック／HOUSE OF LOTUS

髪型がカジュアルだから、心も体もカジュアルでいられる。

「髪は女の命」その言葉の通り、若い頃の私にとっては、女性らしさの象徴であったロングヘア。お仕事ではお洋服から和装まで様々な撮影があったので、ロングヘアでないとアレンジがきかないと思っていたし、当時の事務所からもそう言われ続けていたので、髪を切るという選択肢はありませんでした。

ある時、新しい環境でお仕事をするタイミングがあり、そこで言われたのは「そんな野暮ったい髪型じゃモデルを続けるのは無理」という言葉。頭をガツン！　と殴られたような衝撃を受けました。モデル＝ロングヘアが正解じゃないの⁉　って。その

愛読者カード

今後の出版企画の参考にいたしたく、ご記入のうえご投函くださいますようお願いいたします。

本のタイトルをお書きください。

a 本書をどこでお知りになりましたか。

1. 新聞広告（朝、読、毎、日経、産経、他）　2. 書店で実物を見て
3. 雑誌（雑誌名　　　　　　）　4. 人にすすめられて
5. 書評（媒体名　　　　　　）　6. Web
7. その他（　　　　　　）

b 本書をご購入いただいた動機をお聞かせください。

c 本書についてのご意見・ご感想をお聞かせください。

d 今後の書籍の出版で、どのような企画をお望みでしょうか。
興味のあるテーマや著者についてお聞かせください。

ご協力ありがとうございました。

郵 便 は が き

料金受取人払郵便

小石川局承認

1875

差出有効期間
2020年 6 月27
日まで

切手をはらずに
お出しください

1 1 2 - 8 7 3 1

東京都文京区音羽二丁目
十二番二十一号

講談社エディトリアル 行

ご住所	□□□-□□□□			
(フリガナ) お名前		男・女	歳	
ご職業	1. 会社員　2. 会社役員　3. 公務員　4. 商工自営　5. 飲食業　6. 農林漁業　7. 教職員 8. 学生　9. 自由業　10. 主婦　11. その他（　　）			
お買い上げの書店名	市 区 町	書店		
今後、講談社より各種ご案内などをお送りしてもよろしいでしょうか。 送付をご承諾いただける方は○をおつけください。	承諾する			

TY 000015-1806

プライベートではいつも結びっぱなし。髪をおろしていると、周りには私だって気づいてもらえないくらいのレベル。髪の毛をおろすことが、日常から仕事に切り替わる、私の中のスイッチです。

ジャケット／AURALEE

着る服に合わせて、結ぶ高さは微妙に変えます。タートルやストールなど首元にボリュームがある時は、高めの位置でまとめます。くるっとラフにお団子にすることが多いです。ニット／SLOANE

仕事モード全開ヘア(笑)。この髪をおろしている状態が私の中の仕事モード。くるくるの天然パーマは、とてもラクでありがたい。チュニック／HOUSE OF LOTUS

ヘアケア製品にあまりこだわりはなく、何でも使ってみるほうなのですが、今はこのSENSE OF HUMOURのシリーズを愛用中。

ことを友人に相談すると、「たとえ坊主だとしても、輝ける女の人でいたらいいんじゃない？　その人自身が素敵だったら髪型なんて関係ないよ」と言われ、その瞬間に、髪の毛＝女性らしさ、なんて思い込んでいた自分の価値観がひっくり返ったんです。二十数年こだわり続けていたロングヘア、翌日には切りに行っていました（笑）。

髪を切ったらなんだか気持ちまで楽に。その後、いろいろな髪型にチャレンジしましたが、出産後に天然パーマが突如現れ、もともと少し明るめの色も、さらに明るく。それからは安定のふわふわ天パヘア。お金がかからなくてラッキーだね！　とよく言われます（笑）。

ありがたいことに、とても褒めていただけるこのヘアスタイルですが、プライベートではほぼ結びっぱなし。おろしていると私だと気づいてもらえないくらい。ちょっとした寝癖も気になって、しっかりブローして直していたあの頃とは打って変わって、今では手ぐしの自然乾燥（笑）。これくらいのほうが今の気分です。私にとっては、髪をおろすことが、日常から仕事モードに切り替わるスイッチになっているのかも。

5

私の幸福論

完璧じゃない
自分を受け入れて、
ゆっくりゆっくり
行こうよ。

ワンピース／ne Quittez pas

コツコツが勝つコツ。

あまり細かいことにこだわるタイプではないですし、性格は大雑把なほうだと思います。だから石橋は叩かない。回り道もしない。勢いで飛び越えちゃえ！　という大股歩きの人生でした。でも大人になった今は、自分で石を積んで橋を作っていくようなイメージ。1回の人生で、3匹の子ブタの3兄弟をすべて生きている感じです。

若い頃は、藁で家を作る長男ブタだった私。それが30代になり世の中が少しわかってくると、木で家を作る次男ブタに。そして今は、回り道でも、時間がかかっても、着実にコツコツと煉瓦を積み上げる三男ブタタイプになりました。あらためて考えると、3匹の子ブタって深いお話ですね。

子どもたちがスポーツをするようになり、ちょっとずつ上達する姿を見ていると、日々積み重ねている努力は裏切らないな、と感じるんです。どうしても結果に注目されがちですが、懸命にコツコツと練習を続けて、苦手なものを克服しているところを見ると、その過程こそが肥やしになるんだなと思います。日々積み重ねている小さなことが層になり、重なって、幹を太くするんだな、と。

そしてスポーツに限らず、どんな場面でも、このコツコツは人生において、強い力になると信じています。誰も見ていないところで努力を続けるって、地味で大変。でも層を重ねてきた人と、そうでない人なら、質と厚みが違うはず。やってきただけの自信もきっとあると思います。

とはいえ、いつでも努力し続けるというのは難しい。時にはサボるし、息抜きだって必要。ここぞという時には2段飛ばしがあってもいいと思います。一か八かの勝負も時には大切。ただ、万が一それで失敗してもへこたれない自分でいたいので、自信を持って堂々と立っていられるように、日々のコツコツを続けたい。

生まれ変わっても自分になりたい。

人それぞれ、生きていれば悩むこともたくさん。私なんて、「悩む人生の代表選手」と思われているから(笑)。

でも、私は生まれ変わっても自分になりたい。そしてまた、今の2人の子どもたちのお母さんになりたい。そう思えることが私の人生のすべてだと思うんです。

人から見たら波乱万丈の人生かもしれません。けれど、多くの人に支えられて歩んでこられたことはとてもありがたく、元夫にも感謝しています。

ずっと悩んだり悲しんだりするよりも、「ありがとう」の気持ちに変えたほうが楽だし、自分自身も幸せ。人生をなるべく笑顔で過ごしたい。

積み重ねた経験で、自分ができあがっている。

15歳で東京に出てきて、数えきれないほどのオーディションを受けました。一瞬で判断されてしまう世界……。落ち続けて本当に辛かった。まだまだ子どもだったから、君はいらないよ、と全否定されている気分になりました。

今思えば、あの時の私に足りなかったのは、わずか2～3分で自分自身を表現できる術。そこから学んだことはアピール力です。初対面の人に対しても、相手の様子を窺うより、自分からどーんと飛び込んで行くほうが早い。若干うざいけど、どんどん絡んで笑いにできたら勝ち。今ならあの時のオーディション、制覇できそう(笑)。

かつての宣材写真の数々。まだまだ自分に自信のなかった私が写っています。ロングヘアといい、ばっちりメイクといい、まるで別人みたいな気がする（笑）。

必ずストックしておきたいのは、タオルとお米。

私の母は節約することに必死に生きていたので、タオルになんてまったくこだわりはありませんでした。天日干しされた薄っぺらいタオルは、まるでアジの干物のよう。子どもながらに、「いつか、お風呂上がりには、ふわふわでいい香りのタオルを毎回使いたいなぁ」なんて思っていました。

だからか今は、棚にタオルがたくさん揃っている光景に、うっとり心が満たされるんです。クローゼットに服やジュエリーが溢れていることよりも、むしろずっと(笑)。あればあるほど幸せなのは、タオルとお米、以上！

洗面所の棚の中はこんなふう。ふわふわのタオルをくるっと丸めて、棚が埋まるほど並べるのが幸せ。

小さな幸せでいい。日々、食欲と笑いがありますように。

若かりし頃は、幸せといったら、ブランドバッグを海外で安く買えた！　とか、お仕事でビジネスクラスに乗せてもらった！　とか（笑）。「自分だけ特別！」と思えることが、嬉しくて幸せに感じられた時代。なんと単純な人間だったのでしょう……。

今、心が満たされることといったら、何かを買ったり、お金をかけることではない。食欲があって、毎日ご飯が美味しく食べられる……。小さなことだけれど、私の場合、それが究極の幸せです。

もうひとつ、絶対に必要なのは笑い。私は昔から、ちょっとしたことにも笑いを見つけたいタイプ。とくに、くだらないことで腹を抱えて笑えるのが最高！　人を笑わせることを考えていると脳みそが活性化されて、アンチエイジングにもなるんじゃないかと勝手に思ってます（笑）。

若い時は箸が転がっても楽しかったし、友達といるだけでずっと笑っていられました。大人になって考えることが多すぎて、笑いが後回しになってしまうのは悲しい。どうでもいいことも、自分の失敗さえも、笑いに変えてしまえばいい。女友達との会話の内容はかなり変わってきたけれど、健康や保険の話の中にも笑いは確実に転がっている（笑）。

笑いがあるだけで、下を向いていた顔がちょっとだけ上がる。笑いの力って、本当にすごい！

笑ったもん勝ち。

食べたもん勝ち（食べ過ぎ注意）。

晴れの日も、そうじゃない日も、食欲と笑いがありますように。

顔もシーツもシワシワが好き（笑）。

今住んでいる家の一番好きな場所は寝室。ベッドに寝ていても広い空が見えるから。目覚めた瞬間、広がる空が見えることで、朝の気分がどれほど違うことか。

我が家はシーツもデュベカバーもピローケースも、すべてリネンで統一しています。あの何とも言えないしわくちゃな感じ、肌触りが愛おしい。セルフスタイリング撮影の時には、リネンの服はあえてしわくちゃにしてから着ることもあるほど。

ついでに歳を重ねてできた顔のシワも大好き（笑）。ピシッと完璧すぎるより、こなれて味が出てからのほうが魅力なのは、リネンも人も一緒かもしれない。

「愛してる」ということばが苦手。

「愛してる」。なかなかくすぐったいこのことば、私は昔から苦手です。たとえば、ボーイフレンドに言われようものなら、嬉しいどころかちょっと引いてしまうくらい。若かりし頃、そのことで喧嘩になったこともありました(笑)。

私にとって「愛してる」ということばはとても重く、「大好き」ということばとは雲泥の差。胸を張って心から「愛してる」と伝えられる相手は、母と子どもたちだけ。それはずっと変わりません。

じつは「愛してる」第1位は、ずっと母でした。意外なことに、出産しても、母が亡くなってもなお、それは変わらなかったんです。

それがここ最近になって、第1位が息子たちに変化していることに気づきました。彼らへの愛が母への愛を越えている……。それは私自身、とても驚きで、と同時に何だか少し寂しくもありました。母が亡くなって時が経つにつれ、母への愛情が薄れたのかな……なんて思ったりもして。でも、どうやらそうではないみたい。

子どもたちが小さい頃は、どうしても自分の所有物のような気持ちがありました。私がいなければ生きていけないような。ところがふと気づけば、2人揃って私より背が高く、スマホの操作も流行りの音楽も、彼らから教わることが増えている。力だってうんと強い。私の中で子どもたちが「個」に変わってきたんだと思います。そのことで、「愛してる」という感情が増したというか、より一層リアルになったのかもしれません。

苦手な「愛してる」ということば。子どもたちにはうっとおしいくらい、伝えていきたいと思います。

いつでもくちゃくちゃに笑える人でいたい。

今でこそ「亜希さんといえば、笑顔のイメージだよね」と言っていただくことが多いのですが、若い頃はじつは、笑うのが苦手でした。撮影の時に、「自然に笑って」と言われても、思うようにできなくてこわばっていました。それがいつからか、気がつけば大口を開けて「ワハハ」どころか「ガハハ」笑いをしている私……(笑)。

笑う門には福来《きた》る、という言葉があるように、笑っている人の周りには自然と人が集まる。人と人の距離が縮まる。何よりも、一番簡単に幸せな気持ちになれる方法だと思います。

ブラウス、リング／Vintage

ことばの力を信じている。

インスタグラムにこの写真とともに、「言葉っていいね、言葉って深いね、言葉ってたくさんの人に元気を与えてくれるね。みなさんの好きな言葉はなんですか？　聞きたいです」とアップしたところ、たくさんのコメントが届きました。

その中に素敵なことばがいくつもありました。

たとえば、「かけた情けは砂にかけ、受けた情けは石にかけ」……深い‼　他にも、「顔晴れと書いてがんばれ」「明日やろうは馬鹿野郎」「山より大きな獅子は出ぬ」「人生なんてホップステップ肉離ればっかり」などなど。

ずいぶん前の投稿ですが、今でもその時のコメントを見返すくらい、ことばのエネ

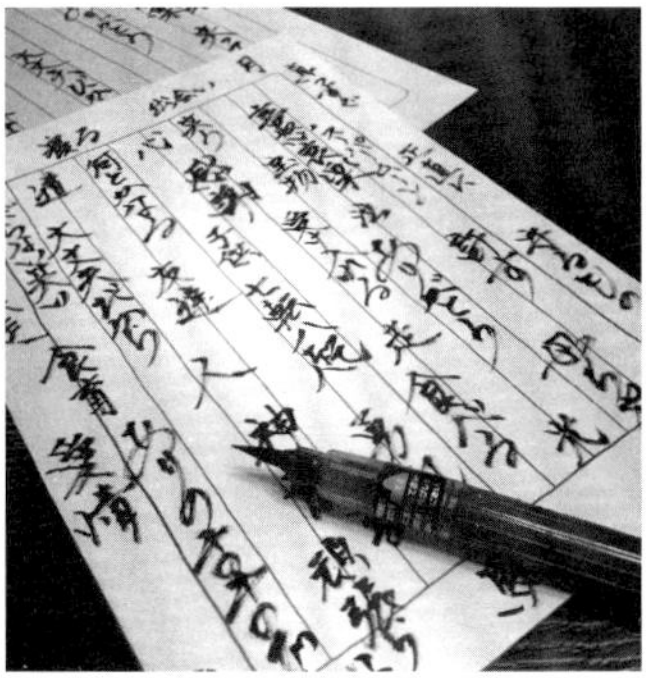

好きな言葉を書いてみる。ことばのもつ力、それを伝えるにはやっぱり自分で書いた文字が一番。

ルギーが詰まっているのです。

そんなやり取りをできるインスタグラムが、今はとてもかけがえのない場所になっています。私が書いた一言で「元気が出た！」と言ってくださったり、何気ない日常の1場面にもたくさんのコメントをいただきます。

顔は見えなくても、誰かの一言に大きな元気をもらうことができる。一方で、何気ない一言が人を傷つけることもある。

自分のことばには責任を持って、ことばのやりとり、大切にしていきたいです。

ふるさと福井は、いつも私の中にある。

同じ年の人になぜか親近感を感じてしまうように、私は福井出身の人、福井産の食材、もっと言うと「福井」という苗字の人にすら親近感を持ってしまいます(笑)。私のふるさと福井。冬は分厚い雪に覆われ、越前ガニが有名な北陸の地。若干のマイナー感はありますが(笑)、私にとっては日本一の県なのです。

家の玄関は開けっ放し、そこに近所の誰かが置いたじゃがいもが転がっていて、助け合いというよりも優しいお節介が多いというのが幼少期の記憶。でも、その人間臭さが心地よく、温かかったんです。ただ、その記憶も15歳まで。東京に出てきてしま

った私のふるさとの記憶はそこで止まってしまっています。だからこそ、いいイメージしかないのかもしれません。

母が亡くなり、実家はもうないけれど、私にとってはいつまでも福井が故郷。年に数回、息子たちと一緒にお墓参りに帰り、子どもの頃に行ったお店を巡っては、母との記憶を蘇らせます。

今でも福井産の食材を見つけるとすぐ手に取ってしまうし、他の場所のものより美味しく感じる（笑）。福井産は絶対に美味しいし、福井さんは絶対に良い人！

故郷福井での、幼稚園、小学校の思い出写真。
愛情をいっぱい受けて育ちました。

永遠に母を追い越せない。追い越したくない。

母が亡くなったのは、私が33歳、長男を妊娠して8ヵ月の頃でした。病気が発覚し、余命半年と宣告されてからは、一瞬にして当たり前の日常が変わりました。すぐに入院して手術。あまりのショックに、病名を告知するという選択肢は、当時の私にはありませんでした。というよりは、隠し続けることが愛だと思っていたのかもしれません。いつも一番のファンでいてくれた母。15歳の娘を田舎から東京に出す母の勇気がなければ、今の私の人生はありません。

やりたいと言ったことには一切反対せず、ただただ温かく見守ってくれた人。「ここには何も無いから、亜希の好きなようにしなさい」と背中を押してくれました。それは自分の人生を切り開いていってほしいという、母の思いだったと思います。

「上を見たらきりが無い。背伸びをするな。人に感謝して生きなさい」小さい頃から母が言っていたことばです。いつも自分のことは後回し。だからこそ、私が頑張って知らない景色を見せてあげたい、と思っていたし、〝お母さんのために生きよう〟という気持ちを小さい頃から持ち続けていたんだと思います。

亡くなってから16年経った今、もしあの時、母に病名を、余命を伝えていたならば、また違うことばをかけてくれていたのかもしれない、とも思うんです。もっともっと話したかった。もっともっと教えてほしかった。そればかりはずっと後悔しているし、今も答えはわかりません。

母を亡くしたことは、あまりにも辛く、もう笑える日は来ないと思っていたけれど、時が経ち、小さな幸せが積み重なって、悲しみを癒やしてくれました。

今年、母は天国で16歳。高校1年だね。神様、これからも母をお願いします。

両親は別れてしまったけれど、これは両親が結婚する前の写真。よく残っていたな〜と思います。私の最大級の宝物です。

母への手紙。旅行など、行く先々で手紙を書いていました。子ども心にも、母を安心させたいという気持ちでいたのかも……。

おわりに

人それぞれ、生きていれば悩むこともたくさん。私なんて、「悩む人生の代表選手」と思われているから。はい！　私、この類では、オリンピック選手級かもしれません（笑）。

49年の自分の歴史を巻き戻してみても、親の離婚、母子家庭での生活、15歳で親元を離れ自立、両親の死、離婚などなど……。なんだか並べるだけで迫力満点！（笑）　笑えるレベルではないが、笑えている私はもはや変人……。

最近思うこと。どんな困難が待ち受けようとも、私にはそれを跳ね返す気持ちと、くよくよしないリセット力が、少しだけ人より多めなのかもしれない。なんならそれをまるごと武器に変えちゃう。

来年で50歳。まずは大切な子どもたちを責任持って育て上げる。これが今の私の第一目標……。その目標が叶った時、もう一度新しい自分に出会いたい。

この本【亜希のことば】を手に取り、最後まで読んでくださって、本当にありがとうございます。1人でも多くの方に、「あ～～なんか元気出た～～」とか、「さっ！　また明日から頑張ろう」って思っていただけたら最高に幸せです。

みなさんに、たくさんの笑顔が溢れますように……。

亜希

亜希　Aki

1969年、福井県生まれ。モデルとして雑誌『éclat』『HERS』、ウェブマガジン『ミモレ』などで絶大な人気を誇る。食べ盛りの男児2人の母として、仕事に家事に子育てに、日々奮闘中。インスタグラムやブログでは、そのファッションセンスはもちろん、料理のセンスにも注目が集まっている。著書に『お弁当が知っている家族のおはなし』（集英社）ほか。

オフィシャルブログ　https://lineblog.me/aki/
Instagram　@shokatsu0414

STAFF

ブックデザイン	漆原悠一（tento）、梅﨑彩世（tento）
人物撮影	尾身沙紀（io）
静物撮影	川原崎宣喜
料理撮影	亜希
ヘア＆メイク	野田智子
スタイリング協力	土田麻美
レシピ協力	二宮美佳
取材・構成	柿本真希
編集協力	昼田祥子　mi-mollet《ミモレ》 伊藤京子、熊谷誠子、牛島敬子（NLINE）

SHOP LIST

クリオネスト　http://ec.benexy.com
kei shirahata　https://stylings.jp/
SLOANE　https://www.sloane.jp/
JANE SMITH　https://www.janesmith.tokyo/
チャオパニック・カントリーモール　http://cpcm-shop.com/
Champion　https://www.championusa.jp/
HOUSE OF LOTUS　https://houseoflotus.jp/
マスターピースショールーム　http://www.scye.co.jp/
√2 135°　https://www.roots135.shop/

亜希《あき》のことば
私《わたし》を笑顔《えがお》にしてくれるヒト・コト・モノ

2018年10月24日　第1刷発行

著　者　亜希《あき》
発行者　渡瀬昌彦
発行所　株式会社講談社
〒112-8001 東京都文京区音羽2-12-21
電話　03-5395-3606（販売）
03-5395-3615（業務）

編　集　株式会社講談社エディトリアル
代表　堺 公江
〒112-0013東京都文京区音羽1-17-18 護国寺SIAビル6F
電話　03-5319-2171

印刷所　大日本印刷株式会社
製本所　株式会社国宝社

N.D.C.590　159p 19㎝
ISBN978-4-06-513511-2